SOCIÉTÉ IMPÉRIALE ET CENTRALE D'AGRICULTURE
DE FRANCE.

DISCUSSION

RELATIVE A

L'INFLUENCE DE LA LOI DU 15 JUIN 1861

SUR

LE PRIX DES GRAINS.

EXTRAIT DU BULLETIN DES SÉANCES DE LA SOCIÉTÉ IMPÉRIALE ET CENTRALE
D'AGRICULTURE DE FRANCE.
SÉANCES DES 31 JANVIER ; 7, 14, 21 ET 28 FÉVRIER ;
7, 14 ET 21 MARS ; 4 ET 11 AVRIL 1866.

PARIS
IMPRIMERIE ET LIBRAIRIE D'AGRICULTURE ET D'HORTICULTURE
DE Mme Ve BOUCHARD-HUZARD
rue de l'Éperon, 5.

1866

SOCIÉTÉ IMPÉRIALE ET CENTRALE D'AGRICULTURE DE FRANCE.

DISCUSSION

RELATIVE A

L'INFLUENCE DE LA LOI DU 15 JUIN 1861

SUR

LE PRIX DES GRAINS.

EXTRAIT DU BULLETIN DES SÉANCES DE LA SOCIÉTÉ IMPÉRIALE ET CENTRALE D'AGRICULTURE DE FRANCE.
SÉANCES DES 31 JANVIER; 7, 14, 21 ET 28 FÉVRIER;
7, 14 ET 21 MARS; 4 ET 11 AVRIL 1866.

PARIS
IMPRIMERIE ET LIBRAIRIE D'AGRICULTURE ET D'HORTICULTURE
DE Mme Ve BOUCHARD-HUZARD
rue de l'Éperon, 5.

1866

DISCUSSION

RELATIVE A L'INFLUENCE DE LA LOI DU 15 JUIN 1861 SUR LE PRIX DES GRAINS.

ENQUÊTE SUR LA SITUATION DE L'AGRICULTURE. — *Rapport sur les huit premières questions*, par M. BELLA (1).

Messieurs,

Chargé, par vos sections réunies de grande culture, d'économie et de législation, de la délicate et difficile mission de vous présenter leur rapport sur la situation de notre industrie rurale, mon premier soin, après avoir réclamé votre indulgence, doit être de chercher un principe qui puisse dominer le grave débat dans lequel sont engagés les grands intérêts de notre pays.

L'enquête que vous avez ouverte a trop confirmé le fait des souffrances de notre agriculture, les discussions que ces souffrances ont soulevées ont trop passionné les esprits, pour que notre Société ne s'applique pas à les calmer en posant, dès l'abord, un principe de nature à nous mettre d'accord et à donner une équitable satisfaction à tous les intérêts en présence.

Ce principe peut être formulé en ces termes :

« La production à bon marché est l'intérêt général de « toutes les industries, de toutes les classes de la nation, « des producteurs comme des consommateurs. »

(1) La Société ayant décidé qu'elle étudierait immédiatement la huitième question, le rapport a dû être scindé, et les deux sections réunies de grande culture et d'économie ont été d'avis qu'elles ne le discuteraient qu'en séance publique.

Si une denrée quelconque, le Blé par exemple, peut être produite à meilleur marché et, par conséquent, vendue à meilleures conditions, sa consommation suit une progression rapide, non-seulement parce que les anciens consommateurs peuvent en acheter davantage, mais aussi parce que beaucoup qui ne pouvaient en consommer, lorsqu'elle était trop coûteuse pour eux, sont appelés, par le bas prix, à en prendre leur part.

L'industrie quelconque qui peut abaisser ses prix de revient voit donc son travail mieux assuré en même temps que mieux rémunéré, parce qu'elle s'adresse à une consommation plus large et plus usuelle.

Et toutes les autres industries manufacturières et commerciales qui consomment la denrée devenue à meilleur marché et qui, elles-mêmes, produisent d'autres objets ou des services nécessaires, tels que le fer et les machines, les étoffes et les transports, se trouvant ainsi placées dans des conditions plus économiques, pourront rendre à la première les avantages qu'elles en ont reçus, en lui livrant leurs produits ou leurs services à plus bas prix.

Mais, pour que ces phénomènes économiques produisent leurs utiles effets, il faut qu'une sage concurrence excite sans cesse les industriels de toutes sortes à profiter, le mieux possible, des avantages qui leur sont offerts et à abaisser leurs prix de vente en même temps que leurs prix de revient.

Ce principe est vrai pour le Blé-froment, dont beaucoup de populations rurales en France ne peuvent pas encore se procurer le pain, comme pour les objets manufacturés et les machines qui importent aussi au bien-être et à la puissance productive de la nation.

En l'admettant nous porterons la lumière sur cette position pénible dont se plaignent les cultivateurs, nous pourrons déterminer les causes de leurs souffrances et indiquer sûrement les remèdes qui nous sont demandés.

La situation.

PREMIÈRE QUESTION.

L'agriculture est-elle réellement en souffrance? Les cultivateurs restreignent-ils leurs dépenses utiles? Demandent-ils des sursis de payement ou des diminutions de loyer?

Constatons d'abord que l'agriculture n'est pas partout en grande souffrance. Il est des contrées qui semblent avoir échappé aux conséquences des faits qui pèsent lourdement sur la majeure partie du pays.

Parmi les localités ainsi favorisées se trouvent les riches vallées dont la production extrêmement complexe embrasse la Vigne et les arbres fruitiers, autant que les fourrages et les céréales. Il faut citer aussi, parce que ce sont de précieuses indications, des contrées qui ont beaucoup développé l'élève et l'engraissement du bétail; enfin on ne peut oublier les environs des grandes villes dont la production est basée sur la vente des pailles et des fourrages et sur l'achat d'engrais à bon marché autant qu'énergiques.

Au milieu des fluctuations trop grandes, sans doute, que subissent les cours des animaux maigres et de la viande grasse, malgré les conditions de vente si défavorables que notre Société a souvent et récemment signalées, la viande trouve encore, sur nos principaux marchés de consommations, des bénéfices précieux.

Il y a donc pour les producteurs de bétail une moyenne de profits que l'épouvantable épizootie qui sévit en Angleterre et dont nous avons été si énergiquement préservés tend à accroître et qui adoucissent les pertes que laisse la principale de nos productions.

Sans doute, ces exceptions sont trop rares; l'ensemble des rapports qui arrivent constate que la souffrance est bien réelle, que les cultivateurs sont obligés de restreindre leurs dépenses utiles; on signale de grandes difficultés de payements et on assure qu'un grand nombre de cultivateurs demandent des sursis, et, dans certaines localités moins bien partagées, des diminutions de loyers; on cite même quelques localités où un certain nombre de domaines reste sans fermiers.

Ajoutons que la cause qui, depuis nombre d'années, élève sans cesse la valeur locative de la terre semble persister dans les rayons d'approvisionnement des grands centres de population et qu'elle protége tout au moins le taux actuel des fermages.

Nous reviendrons, du reste, sur ce fait qui tient à des causes complexes et qui a été allégué à tort, croyons-nous, comme une des preuves de la prospérité de l'agriculture. Nous devons nous borner, en ce moment, à le constater.

DEUXIÈME QUESTION.

La souffrance se fait-elle sentir sur les propriétaires-cultivateurs, sur les grands et sur les petits fermiers, sur les métayers et les ouvriers agricoles?

La plupart des réponses reçues par la Société constatent que la souffrance se fait sentir, quoiqu'à des degrés divers, dans toutes les classes de la population rurale.

Plusieurs, cependant, et nous croyons qu'elles sont fondées sur une exacte observation des faits, affirment que les ouvriers agricoles ne souffrent pas. Cette exonération doit être, en effet, la conséquence de la hausse générale des salaires que signalent tous les documents. Il y a bien un peu de diminution dans les travaux d'entretien ou de préparation que les cultivateurs sont obligés d'économiser; mais cette cause de diminution dans le revenu des manouvriers est largement compensée, dans le plus grand nombre de circonstances, par le bas prix du pain et par le haut prix des journées et des tâches.

Les réponses ne sont pas, non plus, formelles en ce qui concerne les petits propriétaires souffrant peu suivant les uns, souffrant beaucoup, au contraire, suivant les autres. Il est évident que ces discordances tiennent à la difficulté de s'entendre sur ce que sont la petite, la moyenne et la grande propriété.

Le questionnaire, auquel on a reproché de comporter un trop grand nombre de questions, n'a cependant pas pu être suffisamment complété pour éviter ces mésentendus; mais il est certain que partout où les petits propriétaires cultivent eux-mêmes leurs biens, sans l'aide de bras étrangers à la famille et où, par conséquent, ils n'ont à souffrir ni du haut prix du travail, ni de la dépréciation des céréales qui sont toutes, ou en majeure partie, consacrées à leur alimentation, ils ne doivent pas se ressentir grandement de la crise que l'agriculture traverse en ce moment.

On comprend aussi que les petits propriétaires, qui sont obligés de louer des bras à hauts prix, parce qu'ils ont assez de terres pour vendre une partie de leurs récoltes, mais qui n'en ont pas assez pour pouvoir profiter des avantages que la grande culture trouve dans l'emploi des machines et dans la division du travail, soient plus grevés que d'autres, comme l'affirment quelques correspondants (1).

Nous avons peu de renseignements sur la situation respective des propriétaires, des fermiers et des métayers. Ils doivent varier beaucoup suivant les localités; dans celles où les fermiers sont riches, on paye probablement les fermages avec assez de régularité, malgré les pertes qu'on éprouve, et les propriétaires ne doivent pas souffrir beaucoup; il doit en être bien différemment dans les contrées à fermiers pauvres, et les fermages se payent en nature ou même à moitié fruits, parce qu'alors les revenus des propriétaires ont dû être considérablement réduits.

C'est, sans doute, ce qui explique que, dans la Loire-Infé-

(1) Mayenne et Lot-et-Garonne.

rieure, les propriétaires souffrent plus que les fermiers et les métayers.

Malgré les graves inconvénients reprochés au métayage, il est impossible de ne pas reconnaître que ce mode de faire valoir présente, pour l'entrepreneur de culture et dans les circonstances présentes, d'incontestables avantages sur le fermage fixe en argent, puisqu'il met une partie notable des conséquences de la dépréciation actuelle à la charge de la propriété foncière qui, dans les pays pauvres, peut seule les supporter.

TROISIÈME QUESTION.

A-t-elle réagi sur le commerce et sur l'industrie en rapport avec l'agriculture?

Il résulte de la plupart des avis qui ont été transmis à la Société que la souffrance de l'agriculture est assez prononcée pour réagir déjà sur le commerce et l'industrie avec lesquels elle est en rapport d'affaires.

Le commerce des villes dans lesquelles se trouvent les marchés aux grains accuse particulièrement une grande stagnation dans ses affaires habituelles.

On cite le commerce de toiles dans le Lot-et-Garonne, et, ce qui paraît plus fâcheux, celui des engrais commerciaux en Bretagne, comme ayant ressenti les conséquences de la situation agricole.

Les fabriques d'instruments aratoires et de machines agricoles ont vu aussi diminuer leurs affaires dans une très-forte proportion.

Enfin les marchands de bestiaux se plaignent de la grande difficulté qu'ils éprouvent à opérer la rentrée de leurs fonds.

Au contraire, le commerce des eaux-de-vie, du laitage, des mulets, etc., pour l'exportation, reste prospère.

QUATRIÈME QUESTION.

Quelles sont les productions les plus avantageuses, celles qui prospèrent et celles qui souffrent; les céréales, l'élevage ou l'engraissement, le laitage, les textiles, les oléagineuses, le vin, le sucre, les alcools?

Le Blé est la plus importante des productions de la France, et partout, par conséquent, la dépréciation de cette précieuse céréale a atteint l'agriculture dans sa principale richesse. C'est une perte sensible dans le Nord et dans l'Ouest; mais cette perte peut encore être supportée par ces contrées riches relativement, à cultures assez complexes et industrielles, et dont la dernière récolte a été passable.

Il n'en est pas de même dans l'est, le midi et le sud-ouest de la France, dont la récolte de 1865 a été de beaucoup au-dessous de la moyenne. C'est là surtout que la souffrance est très-vive et qu'elle mérite de fixer l'attention.

Les pays d'herbages eux-mêmes, en France, sont producteurs de grains, lorsque leur altitude le leur permet, parce que les pailles et les menus grains sont de précieux et efficaces moyens de production du bétail et de la viande.

Ces localités souffrent donc aussi par le bas prix du Blé, et à cette souffrance est venue se joindre, l'an dernier, celle qui résulte de l'influence causée sur la production des prairies, tant naturelles qu'artificielles, par une sécheresse dont on a eu peu d'exemples. Plusieurs de nos correspondants les mieux autorisés répondent que l'industrie du bétail est aussi peu prospère, cette année, chez eux, que celle du Blé (1).

Le Nord, qui a été mieux partagé à tous égards et qui engraisse des masses considérables de bestiaux, se plaint aussi d'une concurrence de plus en plus active. Les animaux gras

(1) Loire-Inférieure.

venant de l'étranger maintiennent le cours de la viande *en gros* à des taux qui ne sont plus en rapport avec ceux des animaux maigres.

La production des graines oléagineuses, qui a exercé sur nos exploitations rurales une si heureuse influence, perd de plus en plus de terrain en France, par le fait de myriades d'insectes qui détruisent les Colzas.

Le Lin et le Chanvre, qui, à un moment, ont semblé devoir compenser le déficit laissé par les oléagineuses, ont été bien vite dépréciés par l'extension des cultures qu'on leur a consacrées.

Les Oliviers ont mal rendu, et la soie, ce produit merveilleux de notre France méridionale, est frappée, depuis plusieurs années, par un mal dont on attend encore le remède.

Les industries manufacturières rurales, telles que la féculerie, la distillerie, la sucrerie et l'huilerie, qui ont été proposées aux efforts des cultivateurs possédant des capitaux comme le but le plus enviable, ont vu, pour la plupart, leurs produits dépréciés à un point tel, que les pertes ont remplacé les profits.

La Vigne, qui est l'une des richesses les mieux appropriées à une grande partie de la France, fait une heureuse exception à ce sombre tableau ; elle a fourni au pays deux récoltes exceptionnelles comme quantité, et la qualité des vins est telle, qu'il ne semble pas y avoir à craindre partout la dépréciation qui vient trop souvent compenser les avantages de l'abondance.

La production du bétail maigre voit aussi devant elle un accroissement de valeur qui ne peut manquer de la développer de la manière la plus heureuse.

Enfin la production fourragère destinée à alimenter la masse des chevaux des grands centres de consommation est restée généralement prospère.

L'agriculture française ne montre donc, en ce moment, que bien peu de productions prospères.

Et cependant, au milieu de ses doléances, elle reconnaît que sa production s'accroît rapidement, que la population des villes, dont l'aisance va croissant aussi, consomme ses produits en quantités de plus en plus grandes, et les paye aussi de plus en plus cher relativement.

Elle reconnaît, en outre, que l'extension des relations de la France avec les pays étrangers développe rapidement l'exportation des denrées et produits agricoles ; elle suit, avec un vif intérêt, les progrès incessants que ses farines, ses vins et ses produits animaux accomplissent sur le marché anglais.

Elle suppute déjà les facilités que la terrible épizootie qui a attaqué le bétail anglais peut lui donner pour faire moins de Blé et plus de viande.

Mais elle souffre profondément ; elle le dit avec une grande insistance et affirme que cette souffrance même retarde l'évolution qui lui est recommandée, parce qu'elle lui enlève les forces qui seraient nécessaires pour l'effectuer.

Les causes.

CINQUIÈME QUESTION.

A quoi faut-il attribuer le malaise dans votre contrée ? Est-ce seulement à la dépréciation des produits?

Quelles sont les causes de ce malaise persistant ? Faut-il les voir seulement dans la dépréciation des produits agricoles ?

De l'ensemble des réponses qui ont été adressées à notre Société, il faut conclure que la dépréciation des Blés est la cause générale, la cause la plus active et la plus immédiate de la situation.

Mais il en est d'autres qui ont été signalées avec beaucoup de force et de raison. C'est l'accroissement des charges de l'agriculture, et particulièrement la hausse des salaires.

Depuis trente années tous les éléments de la production agricole sont devenus de plus en plus coûteux ; la terre est bien plus chère qu'elle n'était, beaucoup plus surtout que dans les pays qui nous font concurrence, et sa valeur locative ne tend guère à décroître. Les animaux de travail sont aussi beaucoup plus chers. L'outillage s'est beaucoup perfectionné, mais il représente un capital beaucoup plus considérable. Le travail a surtout enchéri d'une manière très-sensible, et non-seulement il est insuffisant, dans bien des cas, pour les soins de toutes sortes que les perfectionnements de l'industrie rurale signalent à l'attention des cultivateurs, mais il est devenu moins docile qu'il n'était ; il faut payer les ouvriers beaucoup plus cher, et cette hausse des salaires ne peut parvenir à arrêter les ouvriers les plus forts et les plus intelligents prêts à émigrer pour les villes.

Les engrais, enfin, cette matière première de l'industrie agricole, dont il faudrait abaisser les prix parce qu'ils entrent pour une très-large part dans la composition des prix de revient de tous les produits agricoles et dont il faudrait augmenter la quantité pour subvenir à l'exportation de produits à laquelle nous sommes sollicités, les engrais deviennent de plus en plus chers, et on les perd en quantités de plus en plus considérables au fur et à mesure que s'accroissent les populations urbaines.

Nous ne citerons que pour mémoire les accroissements d'impôts et de frais généraux qui pèsent sur tous les ménages. Les campagnes suivent de bien loin les villes, mais elles les suivent ; tous les observateurs attentifs signalent avec satisfaction les progrès qui se sont faits dans la nourriture, dans le vêtement et dans l'ameublement des paysans.

Or, il faut bien le dire, parce que ce fait domine la situation économique nouvelle ; autrefois, lorsque tous nos éléments de production étaient à bon marché relativement, nous étions protégés contre la concurrence étrangère par les distances autant que par les droits de douane, et aujourd'hui ces droits sont levés au moment où les chemins de fer ont supprimé les distances.

Toutes les dépenses ont donc été accrues, et elles aboutissent, depuis trois ans, à une dépréciation du principal de nos produits agricoles et à l'insuccès de plusieurs produits secondaires !

SIXIÈME QUESTION.

Cette dépréciation a-t-elle pour cause l'abondance des récoltes ?

Mais revenons à la dépréciation des Blés. Nous avons demandé à nos correspondants s'ils en reconnaissent la cause dans l'abondance des récoltes et comment sont les récoltes dans leurs localités.

Beaucoup répondent que ces récoltes ont été médiocres ou mauvaises ; c'est surtout du centre de l'Est, du Midi et du Sud-Ouest que nous parviennent ces affligeants avis.

Nos correspondants de ces contrées ne sont donc pas disposés à admettre que l'abondance des récoltes soit la cause de la dépréciation qu'ils déplorent.

Mais, à côté de ces déclarations, il faut placer celles du Nord et de l'Ouest, qui sont beaucoup plus favorables. Dans certaines régions qui produisent beaucoup de Blé, on n'estime pas à moins de 20 et 25 pour 100 la plus-value des dernières récoltes.

Il faut surtout tenir compte des chiffres officiels, officiellement déclarés.

Il y a donc un certain excédant, et particulièrement des récoltes 1863 et 1864, qui pèse sur le marché de certaines contrées.

SEPTIÈME QUESTION.

L'abondance a-t-elle été occasionnée seulement par des saisons favorables ? N'a-t-elle pas été aussi le résultat de l'amélioration et de l'extension des cultures ?

Quant à cette abondance inusitée des biens de la terre, nos correspondants sont assez d'accord pour en assigner la cause ; c'est à des saisons très-favorables et à l'amélioration de notre agriculture qu'il faut l'attribuer.

On a beaucoup défriché en France, et presque toujours les terres ainsi conquises par la charrue ont été améliorées de manière à satisfaire aux conditions du problème, telles qu'elles se sont imposées jusqu'ici : *Blé et bétail !*

On y a introduit les cultures fourragères, sans doute ; on y a produit des racines, mais le champ de ces progrès a été semé de bien des revers, et on a penché vers le côté où on croyait voir les bénéfices les plus faciles et les plus immédiats, du côté du Blé.

Beaucoup de terres qui, en France, étaient impropres à la culture du Froment ont été comme transformées par la chaux et le noir animal.

Les engrais commerciaux ont fait leur apparition à la suite du guano et ont accru les ressources de l'agriculture.

Si insuffisantes, si incertaines parfois et si coûteuses que soient ces ressources, elles ont produit des millions d'hectolitres de Blé.

N'oublions pas non plus l'introduction de rotations de cultures plus rationnelles, l'extension des fourrages artificiels et des racines, en même temps que l'accroissement du gros bétail.

Enfin citons l'heureuse influence exercée par l'approfondissement des labours et par les façons plus énergiques qui ont été la conséquence d'un outillage meilleur et plus complet.

Sans doute, ces progrès ne sont pas encore très-généralisés; une grande partie de notre pays les attend encore; mais c'est dans le nord de la France, qui jette sur nos marchés une plus forte proportion de céréales, qu'ils se sont surtout produits.

Cependant, aux yeux de la majorité, ni les saisons favorables ni les progrès de l'agriculture ne suffisent à expliquer la dépréciation dont souffre notre agriculture, et il fallait préciser une question qui leur permît de dire leur pensée tout entière sur la suppression de l'échelle mobile.

HUITIÈME QUESTION.

Pensez-vous que, nonobstant la faiblesse des importations de Blés étrangers, la nouvelle législation ait contribué à la dépréciation?

La minorité de nos correspondants ne croit pas que notre nouvelle législation ait pu contribuer à la dépréciation des céréales en France.

Ils voient, dans l'abondance des récoltes 1863 et 1864, dans l'excédant qu'elles ont laissé, l'explication bien suffisante de la dépréciation dont on se plaint; ils constatent que les exportations dépassent de beaucoup les importations, et ils soutiennent que les Blés étrangers qui ne franchissent pas nos frontières ne peuvent pas faire concurrence aux Blés français.

Selon eux, les Blés étrangers, en minime quantité relativement, qui sont importés à un certain prix, ne peuvent pas faire que nos Blés indigènes soient maintenus à un prix inférieur au leur.

Ils vont plus loin, et ils affirment que non-seulement notre législation nouvelle ne contribue en rien à la dépréciation, mais qu'elle agit en sens inverse; que c'est à elle qu'il faut attribuer l'extension de nos relations commerciales et, par conséquent, l'importance des exportations qui tendent à désencombrer le marché français.

La dépréciation n'est donc que la conséquence naturelle, inévitable de la loi de l'offre et de la demande.

La majorité pense, au contraire, que, nonobstant la faiblesse des importations et l'importance des exportations, la législation nouvelle n'est pas étrangère à la dépréciation dont se plaint l'agriculture.

Elle fait valoir que la mercuriale d'un marché n'est pas uniquement l'expression de l'offre et de la demande qui s'y manifestent par le nombre d'hectolitres effectivement apportés sur la halle et des quantités qui y sont réellement achetées, pour satisfaire à une consommation immédiate.

Selon elle, les cours sont influencés aussi par un ensemble de circonstances autant morales que matérielles, et par des appréciations plus ou moins fondées sur les probabilités.

Ces spéculations escomptent l'avenir autant qu'elles supputent le présent; elles estiment les récoltes futures par leurs apparences, elles évaluent l'influence heureuse ou malheureuse des variations atmosphériques, comme elles tiennent compte de toutes les circonstances qui peuvent modifier les besoins.

Sans doute, ces spéculations sont parfois mal fondées : parfois la demande se fait peur, comme en **1862**; mais d'autres fois, comme aujourd'hui, elle a une sécurité trop grande peut-être, et l'offre désespère à tort.

C'est ainsi que, ne tenant compte ni du déficit ni des faits qui se sont produits en Angleterre (1), et comptant trop sur l'efficacité de notre nouvelle législation pour empêcher toutes fluctuations, les acheteurs refusent de hausser les prix et que les cultivateurs ne cherchent plus à les soutenir. C'est une mauvaise appréciation de la législation nouvelle, mais ce n'est pas moins celle-ci qui l'a produite.

(1) Depuis le rappel du corn-law, en Angleterre, le prix du quarter de Blé a varié depuis près de 38 shillings en 1851, jusqu'à près de 75 shil. en 1855.

L'offre et la demande ne se produisent pas seulement sur le marché intérieur. Les frontières et les droits de douane ne valent qu'autant qu'ils aggravent les difficultés des transports; ils n'ont qu'une influence analogue à celles qu'exercent les distances et les frais.

Il n'y a plus qu'un seul marché : le marché du monde, sur lequel toutes les offres et toutes les demandes viennent se traduire avec des efficacités qui dépendent des excédants disponibles comme des déficit à combler, des prix de revient auxquels ces excédants peuvent être cédés comme de l'urgence des besoins à satisfaire. Ces efficacités, en un mot, sont en raison directe de leur importance et en raison inverse de la distance des pays qui les formulent.

Les récoltes et les cours de New-York, de Riga et d'Odessa agissent sur ceux de Londres, de Marseille et de Paris, comme ceux-ci réagissent à leur tour sur les cours des Blés en Russie et en Amérique.

La majorité croit donc qu'il suffit que des excédants de Blés étrangers restant en entrepôts soient offerts à des prix relativement peu élevés pour que nos cours ne s'élèvent pas au-dessus de ces prix.

Pour elle, enfin, ce ne sont pas seulement les Blés qui entrent, mais aussi ceux qui peuvent entrer, qui pèsent sur nos marchés.

Et elle pense que, si ces Blés étrangers sont offerts sur de grands centres commerciaux, débouchés ordinaires et marchés régulateurs des contrées de production intérieure, ils peuvent maintenir les Blés de ces contrées à des prix inférieurs aux leurs, exactement comme, dans des années ordinaires, les cours de Marseille et de Londres maintiennent au-dessous d'eux ceux d'Odessa et de Riga; comme ceux de Paris pèsent sur ceux de Chartres, ou les relèvent.

Enfin, elle croit que le commerce des acquits-à-caution aggrave cette influence des Blés étrangers, non sur la France entière, mais dans la région qui trouve ses débouchés habituels sur les places de commerce qui reçoivent ces Blés étrangers sans aucun droit de douane.

Cet effet peut, il est vrai, être compensé, pour la France entière, par une exportation d'autant plus active sur d'autres points du territoire.

Mais cette compensation reste sans effet pour les régions plus ou moins vastes dont les cours sont commandés par les places de commerce qui admettent en franchise les Blés étrangers, et ces régions peuvent dire que la législation nouvelle contribue à la dépréciation dont elles souffrent.

En résumant *les causes de la situation agricole*, et en reconnaissant ce qu'il y a de fondé dans ces arguments, il faudrait admettre qu'ils ne sont pas suffisants pour expliquer la souffrance dont l'agriculture française se plaint, même dans les régions du Nord-Ouest, qui ont été favorisées par une bonne récolte moyenne en 1865 et qui fournissent à l'exportation.

La situation dans cette partie du pays est due à une mauvaise appréciation de l'efficacité possible de notre nouvelle législation et à une désespérance fâcheuse ; elle est due aussi à l'abondance même des récoltes et à une production trop coûteuse qui empêche que les cultivateurs ne se dessaisissent de leurs Blés aux prix non suffisamment rémunérateurs auxquels ils sont tombés et au-dessous desquels ils devraient peut-être descendre pour que l'exportation puisse prendre des allures plus décidées.

En un mot, il faudrait faire remonter les causes premières de la souffrance à un ensemble de circonstances qui ont modifié les conditions économiques du pays, et particulièrement au développement des voies de communication, à tout ce qui a surélevé, en France, les prix des éléments de la production agricole et à tout ce qui empêche l'agriculture de s'organiser de manière à produire à meilleur marché.

Nous nous réservons d'étudier ces causes dans la partie de

ce travail qui concerne les moyens de porter remède à la situation dont se plaint notre industrie rurale.

M. de Lavergne — ajoute que la Société se trouve en présence de deux questions dont l'une est soulevée par le rapport de M. Bella, et dont l'autre résulte d'une note précédemment lue par l'honorable membre et relative aux conséquences de la loi de 1861 sur le prix des grains. Il semble, d'après cela, qu'il y aurait tout avantage à procéder par ordre, et à traiter successivement les deux questions, en accordant la priorité à l'une d'elles particulièrement qui est la plus simple, c'est-à-dire à celle qui se borne à examiner l'influence de la liberté commerciale sur le prix des céréales.

La Société décide que la discussion s'ouvrira sur cette question dans la prochaine séance.

Le rapport de M. Bella sera imprimé et distribué avant la séance, ainsi que les notes de M. de Lavergne.

M. Barral — rappelle que, à l'époque où la Société a demandé la suppression de l'échelle mobile, elle se prononçait, en même temps, pour l'établissement d'un droit fixe à l'importation des Blés étrangers. Or la loi de 1861 a bien prononcé l'abolition de l'échelle mobile, mais elle a porté un grave préjudice aux intérêts de l'agriculture, 1° en établissant un droit fixe beaucoup trop faible ; 2° en supprimant les droits d'entrée sur tous les autres farineux ; 3° en supprimant, par le système des acquits-à-caution, la différence entre le commerce général et le commerce spécial. Lorsque l'Angleterre a modifié son ancienne législation sur les grains, elle a abaissé le droit sur les Blés à 0,62 par 100 kilogrammes, mais elle a maintenu les droits sur les autres grains et frappé le malt d'une taxe assez élevée à l'importation.

On a beaucoup parlé de l'excédant des exportations sur les importations de Blés et farines en France pendant l'année 1865 ; mais, si on remonte jusqu'en 1861 et qu'on prenne l'ensemble des résultats obtenus dans les cinq dernières années, on constate un excédant d'importations qui pèse sur le marché français et a amené la dépréciation des cours, d'où résulte pour l'agriculture la situation malheureuse dont elle se plaint aujourd'hui avec beaucoup de raison. En comparant les prix moyens de quinzaine en quinzaine pour les trois années 1863, 1864 et 1865, on trouve que, de 25 à 26 fr. en 1863, ce prix s'est abaissé à 22 fr. 65 c. en 1864, et enfin à 19 fr. en 1865 ; or, dans cet intervalle, à une récolte très-abondante a succédé une récolte moyenne, suivie elle-même par une récolte défectueuse, et la baisse n'a pas moins persisté, malgré la diminution du rendement.

Mais, en même temps que le prix de vente des Blés s'abaissait, les frais de production s'élevaient de telle sorte, que l'agriculture vendait à vil prix des denrées qu'elle produisait plus chèrement que par le passé. On peut objecter que les animaux maigres ont augmenté de valeur ; mais il n'est pas moins vrai que cet avantage est compensé par la cherté des fourrages dont le prix a doublé.

Si le droit sur les céréales avait été plus élevé, l'importation n'aurait pas excédé les besoins, et on n'aurait pas abusé de la loi pour introduire tout d'un coup, dans le court espace de deux mois, une quantité énorme de grains étrangers, dont la présence sur le marché a littéralement écrasé l'agriculture française. On a fait observer, il est vrai, que le droit de 50 centimes représentait 5 p. 100 de la valeur du Blé, et que les grains étrangers, quand ils passaient la frontière, ont déjà acquitté, chez eux, toutes les charges qui pèsent sur la production sous forme d'impôts et de redevances; mais la comparaison n'est pas tout à fait juste, car, si on faisait le décompte avec rigueur et exactitude, on verrait que, dans aucun autre pays, l'agriculture ne paye autant d'impôts qu'en France. Elle est donc fondée à demander que les produits étrangers qui viennent lui faire concurrence sur le marché national n'échappent pas complétement aux charges qui lui incombent.

Pour démontrer que la nouvelle législation n'a aucune part dans les souffrances de l'agriculture, on s'attache à faire ressortir la faiblesse des importations comparativement aux exportations de l'année 1865 ; mais, dans tous ces calculs, on ne tient pas assez de compte du préjudice qu'entraîne pour les agriculteurs le système des acquits de mouture. En effet, si on admet que le prix du Blé peut être représenté par une formule dans laquelle entre le prix du Blé là où il est à meilleur marché, augmenté des frais accessoires qui résultent des frais de transport en raison de la distance et d'autres circonstances analogues, il est évident que, par le système des acquits-à-caution, on supprime un de ces éléments. En effet, quand un minotier du Nord fait sortir de la farine au moyen d'un acquit-à-caution délivré à un importateur de Marseille, c'est le papier seul qui a fait le voyage de Marseille à Dunkerque, par exemple, et dans la formule précitée l'élément relatif à la distance se trouve réduit à zéro. En outre, c'est du Blé de qualité inférieure qui entre à Marseille, tandis qu'à Douai ou à Dunkerque c'est du Blé de bonne qualité qu'emploie la minoterie et qu'elle fait sortir sous forme de farine.

Grâce aux facilités que leur donne la loi, les meuniers du Nord achètent des acquits de mouture, puis ils expédient des farines pour lesquelles le gouvernement leur rembourse 1 franc par quintal de Blé, et ils partagent le bénéfice avec les importateurs de Marseille, au grand détriment de l'agriculture, qui se plaint, avec raison, d'un tel état de choses qui fausse la loi dans son application.

On a essayé de faire une distinction parmi les agriculteurs, et de représenter les grands propriétaires comme souffrant seuls de la crise, tandis que, par le fait de l'augmentation des salaires, les ouvriers des campagnes et les métayers eux-mêmes auraient vu leur bien-être s'améliorer; mais on oublie que la solidarité la plus étroite unit tous les membres de la grande famille agricole, et que les propriétaires ne peuvent pas être atteints dans leurs intérêts sans que les ouvriers eux-mêmes en souffrent, par suite de la diminution des travaux. Au reste, la situation des travailleurs dans les campagnes ne s'est pas améliorée autant qu'on pourrait le croire; on n'y mange généralement pas plus de viande qu'autrefois, et l'alimentation générale laisse même encore beaucoup à désirer. De ce côté-là, donc, il y a aussi des souffrances incontestables, qui appellent un remède prompt et énergique.

En résumé, l'agriculture se plaint, avec raison, de la situation difficile que lui a faite la nouvelle législation inaugurée en **1861**; elle ne demande pas le rétablissement de l'échelle mobile, mais l'augmentation du droit fixe qui, au taux actuel, constitue une véritable protection pour les céréales étrangères.

M. de Kergorlay. — Une question bien posée est à demi résolue; quand une discussion met en présence des intérêts considérables et soulève des passions contraires, il ne faut y produire que des faits et des chiffres d'une scrupuleuse exactitude. Je puis donner à mes collègues l'assurance que je me conformerai à cette règle; et j'ai vu, avec regret, que quelques-uns des journaux qui prétendent être les défenseurs des intérêts agricoles s'en étaient écartés plus d'une fois.

Ainsi, j'ai lu, il y a peu de jours, dans une de ces pétitions qu'on fait signer en ce moment aux cultivateurs, la phrase suivante :

« Si l'enquête répond à l'attente commune, le pouvoir ne souffrira pas que 20 millions de propriétaires et d'ouvriers agricoles de tous les degrés soient exposés à des désastres qui n'auraient pour terme qu'un cataclysme. »

Cette expression de cataclysme est-elle une prophétie ou une menace? peu m'importe, je n'ai pas à le rechercher en ce moment. Quoi qu'il en soit, est-il vrai qu'il y ait aujourd'hui 20 millions d'agriculteurs, propriétaires ou ouvriers, qui souffrent par suite de la crise actuelle? Je crois ce chiffre singulièrement exagéré. Ainsi, je vais essayer de déterminer l'étendue et la gravité de la crise actuelle; je discuterai ensuite les divers remèdes proposés pour y mettre un terme, notamment celui du droit fixe préconisé par M. Barral et par M. de Lavergne, que je combattrai énergiquement, et je signalerai ensuite les seuls remèdes qui me semblent efficaces.

Le développement ou l'abaissement de l'exportation est généralement accepté, comme étant un des signes de la prospérité ou de la souffrance d'une industrie; la publication du dernier numéro des documents statistiques m'a permis de faire, pour l'année 1865 tout entière, le relevé de l'exportation des produits agricoles, il dépasse 900 millions de francs, sans compter la laine, le Lin et le Chanvre qui ont été exportés sous la forme de tissus, parce qu'il m'a été impossible de les distinguer des produits similaires étrangers employés par nos fabriques nationales.

Ce chiffre de 900 millions, considérable par lui-même, le devient davantage encore, si on le rapproche de celui de l'année 1861, qui ne s'est élevé qu'à 456 millions : ainsi, dans les quatre années qui se sont écoulées depuis la suppression de l'échelle mobile et l'inauguration de notre nouvelle politique commerciale, l'exportation de nos produits agricoles a *doublé;* tandis que, sous la législation antérieure, dans les quatre années qui ont précédé notre réforme commerciale, cette exportation ne s'était élevée que de 379 millions à 456, c'est-à-dire de 23 %.

Je ne vous lirai pas la liste complète de tous les produits qui ont concouru à former ce chiffre de 900 millions; mais je ne puis me dispenser d'en signaler quelques-uns à votre attention : ainsi les beurres et les fromages ont doublé de 1861 à 1865, et se sont élevés à 54 millions, tandis que leurs prix augmentaient notablement; il en est de même pour les œufs, qui ont doublé et se sont élevés à 35 millions; la viande a doublé et s'est élevée à 9 millions; les fruits et les légumes ont doublé et se sont élevés à 21 millions; les vins, au lieu de 196 millions, 281 millions; les grains et farines, de 34 millions à 131 millions, c'est-à-dire quadruplés; le sucre brut indigène 29 millions, non compris ce qui a été exporté sous la forme de sucre raffiné, parce que je n'ai pas pu le distinguer des sucres étrangers qui ont été admis en France, pour être réexportés après avoir été raffinés, et cette exportation s'est élevée à 114 millions.

Il y a bien peu d'années encore, le sucre indigène réclamait des droits protecteurs, et ne croyait pas pouvoir accepter sur le sol national la concurrence des sucres étrangers, et aujourd'hui il va affronter cette concurrence à Londres et sur les bords du Rhin; les raffineurs anglais et allemands nous prennent 29 millions de sucre brut. Ce résultat fait trop d'honneur à nos fabricants de sucre et aux savants illustres qui les dirigent dans les perfectionnements qu'ils apportent, chaque année, à leur industrie, pour que je ne le signale pas à votre attention.

Ce développement considérable dans la consommation extérieure de nos produits agricoles a été accompagné d'un développement analogue dans la consommation à l'intérieur. En effet, l'exportation totale des produits de notre industrie nationale s'élevait, en 1861, à 1,926 millions; en 1865, elle s'est élevée à 3,199 millions, tandis que, de 1857 à 1861, elle ne s'était élevée que de 1,865 millions à 1,926 millions.

Ainsi, dans la période des quatre années qui a précédé notre nouvelle législation commerciale, notre exportation en général ne s'est augmentée que de 3 %, tandis que, dans les quatre années qui ont suivi cette réforme, elle s'est augmentée de 67 %. Un développement aussi énorme a-t-il pu se produire, sans que le nombre des ouvriers employés dans l'industrie se soit développé et sans que leurs salaires se soient élevés? Vous ne le croyez pas, Messieurs; cette élévation générale des salaires est incontestée, elle est même le sujet de plaintes légitimes de la part d'un grand nombre d'agriculteurs; mais, en ce moment, je ne la constate que pour en tirer cette conséquence, que le nombre des ouvriers employés par l'industrie nationale et leurs salaires n'ont pas pu s'augmenter considérablement, sans que la consommation des denrée alimentaires nécessaires à ces ouvriers, et celle des matières premières fournies à l'industrie par notre agriculture, ne se soient développées d'une manière analogue, et je crois pouvoir en conclure que les industries agricoles qui ont pris ces développements ne sont pas en souffrance. La crise porte spécialement sur les céréales, et même, pour parler plus exactement, sur le Froment; atteint-elle même tous les producteurs de Froment? certainement non.

Elle n'atteint pas les petits propriétaires, qui ne possèdent pas assez de terre pour récolter plus de Froment qu'il ne leur en faut pour la consommation de leur famille; elle n'atteint pas non plus un grand nombre de métayers, qui doivent partager en nature leurs produits avec leurs propriétaires, et qui, par conséquent, n'ont à en porter au marché que quand ils en ont récolté plus du double de ce qui est nécessaire pour la consommation de leur famille.

La crise n'atteint pas non plus les fermiers qui payent leurs fermages en nature, à raison de 1 hectolitre ou 1 hectolitre et demi par hectare; c'est évidemment, dans ce cas, le propriétaire et non le fermier, qui est frappé par le bas prix du Blé. Enfin, parmi les fermiers qui payent leurs fermages en argent, il y en a, chaque année, un certain nombre qui voient s'approcher la fin de leur bail, et discutent les conditions de son renouvellement; ceux-là profitent de la crise actuelle pour obtenir des diminutions dans le prix de leurs baux : si leurs baux sont longs, ils auront le temps de se réjouir de les avoir conclus dans des circonstances aussi favorables.

Quelle peut être la proportion de ces quatre catégories de cultivateurs au nombre total de ceux dont la principale production est celle du Froment? je crois être au-dessus de la vérité en les estimant à la moitié.

D'un autre côté, M. de Lavergne a établi que la production du Froment était le tiers de la production agricole totale en France; ce serait donc 1/6 de la production agricole qui en ce moment n'obtiendrait pas de prix rémunérateurs.

Nous voici bien loin du chiffre de 20 millions dont parle la pétition que j'ai citée ; mais il suffit qu'une portion importante de la production agricole soit en souffrance, pour que la Société centrale doive en rechercher avec une vive sollicitude les causes et les remèdes. Quelles sont donc les causes de l'abaissement du prix du Froment?

Les documents officiels et l'évidence des faits nous apprennent que la France a eu, en 1863, 1864 et 1865, trois récoltes de Froment consécutives, d'une très-grande abondance, supérieures à toutes celles qui les avaient précédées. La récolte de 1863 s'est élevée à 117 millions d'hectolitres, dépassant au moins d'une trentaine de millions la consommation annuelle. La récolte de 1864 s'est encore élevée à 111 millions d'hectolitres et, par conséquent, a encore notablement dépassé la consommation annuelle. Celle de 1865 a été un peu moindre, mais elle a encore été supérieure à la consommation. Il y a donc, aujourd'hui, des restants considérables dans les greniers des cultivateurs. En présence de cet état de choses, quelle est naturellement l'attitude du commerce? Dans la discussion relative à la suppression de l'échelle mobile, j'ai essayé de faire connaître quelle était l'attitude du commerce en présence d'une récolte insuffisante : aussitôt qu'il la prévoit, il se hâte de faire des achats, il y emploie tous ses capitaux, tous ceux que le crédit peut lui fournir; les cultivateurs, de leur côté, dans la prévision de la hausse, n'apportent que le moins possible de Blés sur les marchés, d'où résultent des demandes beaucoup plus nombreuses que les offres, et, par conséquent, une hausse considérable et rapide. L'inverse a lieu en présence d'une récolte très-abondante. Le commerce ne se presse pas d'acheter ; les courtiers, les facteurs, qui sont ses agents sur tous les marchés, ou près des cultivateurs, se tiennent au repos. D'un autre côté, il y a toujours des cultivateurs qui sont obligés de vendre pour payer des impôts ou des fermages, ou pour tout autre motif; ils portent du Blé sur les marchés, et ils trouvent difficilement à le vendre :

donc la baisse s'établit. Je suis persuadé que cette attitude du commerce pèse sur nos marchés depuis dix-huit mois, et entretient la baisse plus que ne devrait faire l'abondance des récoltes. Je sais que le commerce doit être libre dans ses allures et n'agir qu'au mieux de ses intérêts; je ne m'en plains pas, mais je constate un fait qui corrobore l'assertion que la suppression de l'échelle mobile n'est pour rien dans l'abaissement du prix du Blé.

Maintenant, que ceux qui, sous l'influence de circonstances climatériques particulières, n'ont pas eu de récoltes abondantes dans ces trois années mettent en doute l'extrême abondance de ces trois récoltes; que ceux qui ont, toute leur vie, lu, dans certains journaux et dans certains livres, que l'agriculture française ne pourrait pas se passer de la protection de l'échelle mobile, tremblent d'en être privés depuis quatre ans, cela me paraît très-naturel. Surtout que ceux qui ont entendu, il y a seize ans, M. Thiers captiver l'assemblée nationale par le prestige de sa parole, et la faire frissonner en lui racontant que la Russie contenait des milliers de propriétaires qui possédaient des millions d'hectolitres de Froments excellents qu'ils étaient trop heureux de vendre 5 à 6 fr. et qui pouvaient être livrés à Odessa à ce prix, parce qu'ils y étaient portés par des serfs qui ne recevaient aucun salaire, et par des bœufs qui s'engraissaient, pendant le voyage, de l'herbe luxuriante des steppes, de sorte qu'après avoir franchi les 200 ou 300 lieues, qu'ils avaient à parcourir pour atteindre Odessa, ils y étaient vendus avec profit; que ceux, dis-je, qui ont subi le charme de cette éloquence, qui flattait si bien les préjugés et les traditions de nos agriculteurs, n'aient pas encore pu le dissiper, je le conçois, mais il faut bien que cette fantasmagorie disparaisse devant l'évidence des chiffres et des faits.

Depuis quatre ans que l'échelle mobile est supprimée et que le commerce est libre, que sont devenus ces millions d'hectolitres dont la Russie devait nous inonder? combien en est-il entré en France et à quel prix? En 1865, 3,000 quintaux métriques seulement ont été livrés à la consommation. On m'objectera qu'il en est entré bien davantage, 942,210 quintaux métriques ; cela est vrai, ils sont entrés, mais sous la condition d'être réexportés en farine, et, si matériellement leur farine n'a pas été vendue à l'étranger, une quantité égale produite par d'autres grains a été effectivement exportée de France, de sorte que ces 942,210 quintaux métriques n'ont point augmenté les existences en France, et je vais démontrer qu'ils n'ont pas même pesé sur le marché de Marseille; mes adversaires le savent parfaitement, car, reconnaissant combien est minime la quantité de 942,210 quintaux métriques, par rapport à une récolte de 112 millions d'hectolitres, appuyée sur des excédants de deux années de grande abondance (c'est à peine un centième), ils ont recours à un autre argument.

« Ce ne sont pas les Blés qui entrent, disent-ils, mais bien ceux qui peuvent entrer, qui pèsent sur les marchés (1). »

J'avoue que j'éprouve quelque difficulté à réfuter sérieusement cet argument, car je ne le comprends pas. En effet, vous dites que 942,210 quintaux métriques ont été importés de Russie à Marseille, et n'ont pas été réexportés, mais ont passé dans la consommation, par conséquent ont pesé sur le marché de Marseille; mais, outre ces 942,210 quint. métriques, il en est entré à Marseille 1,200,000 quintaux métriques provenant d'autres pays, en tout 2,131,000 quintaux métriques de Blés étrangers ont paru, et par conséquent ont pesé sur le marché de Marseille. Et ce n'est pas tout; depuis deux ans il s'est établi un courant de Blés qui ont été incessamment expédiés de la Bourgogne et du centre de la France sur Marseille, de sorte que ce ne sont pas seulement 2 millions, mais bien 3, peut-être 4, qui ont pesé sur le marché de Marseille. Quel effet ont-ils produit? Ils n'ont pas pu empêcher le marché de Marseille

(1) Rapport au conseil général du département du Cher, par M. le marquis de Vogüé.

d'être le plus élevé de toute la France, à l'exception de Nice; ils n'ont pas pu faire fléchir le prix du Blé à Marseille, et vous voulez que ce que 4 millions de quintaux métriques vendus sur ce marché n'ont pas pu faire, des Blés qui n'ont pas paru sur le marché, mais dont on soupçonne l'existence dans les entrepôts, l'aient accompli ! Mais, à défaut de présence réelle, il leur aurait donc fallu une puissance mystérieuse qui agît à distance, par je ne sais quelle vertu magnétique, spiritique, etc. ! Je ne puis vous suivre sur ce terrain, et j'abuserais de la patience de mes collègues, si je prolongeais cette discussion. Non-seulement les Blés des entrepôts n'ont exercé aucune influence sur le marché français, mais ils n'ont pu en exercer aucune. Pour en être certain, il suffit de suivre les prix des marchés des pays de production. Ouvrons le dernier numéro du journal de M. Barral, voyons le marché d'Odessa. Blés de qualité supérieure, rien ; il n'est pas question de prix, il n'y en a pas sur le marché. Blés de qualité moyenne, — parmi ces Blés de qualité moyenne du marché d'Odessa, combien s'en trouve-t-il de qualités tout à fait inférieures, qui seraient repoussés de la plupart de nos marchés, mais qui peuvent tout au plus offrir quelques ressources aux pauvres populations des Hautes et des Basses-Alpes qui, enfermées dans les neiges, sont obligées de faire leurs approvisionnements de pain pour six mois ; — mais enfin, quel est le prix de ces Blés sur le marché d'Odessa ? 17 fr. 50 c. Eh bien, maintenant, faites le compte des frais de chargement, de fret, d'assurances, de risques de mer résultant de l'échauffement ou de l'humidité, du déchargement sur les quais de Marseille, qui est encore opéré par une corporation, et vous me direz à quel prix ils pourront paraître sur le marché de Marseille. Il n'y a rien là d'effrayant pour la production française, et l'avenir ne l'est pas plus que le présent.

Ce que j'ai établi pour la Russie, il me serait facile de le prouver pour les États-Unis, et de démontrer que nous n'avons à craindre, d'aucun de ces pays de grande production, une invasion de Blés à des prix redoutables pour notre agriculture, ils nous offriront des ressources précieuses en présence des récoltes insuffisantes, ils ne constitueront jamais un danger.

Ce droit fixe, que M. Barral et M. de Lavergne réclament, est donc inutile. Mais, nous a dit M. Barral, si un droit fixe de 1 ou de 2 fr. avait existé depuis quatre ans, il ne serait pas entré autant de Blés étrangers. C'est donc un droit protecteur de 1 fr. ou de 2 fr. que vous réclamez. M. de Lavergne prétend que non, et nous dit : « Admettre les Blés étrangers sans les soumettre à l'impôt, c'est faire de la protection à rebours, et protéger les Blés étrangers aux dépens des nôtres. »

Cet argument est subtil, mais il est bien compromettant. D'abord, quand on suppose que ces Blés étrangers ne sont frappés d'aucun impôt ou qu'ils supportent des charges moindres que ceux cultivés en France, on ne pense pas à ceux qui sont cultivés en Italie, on ne tient pas compte de la situation faite à l'agriculture en Russie par la grande mesure de l'émancipation des serfs, ou dans les provinces turques par les vexations de tous genres auxquelles se livrent les fonctionnaires publics. Ensuite, est-ce que les Blés étrangers qui viennent en France ne sont pas grevés par les frais de transport des pays de production aux lieux d'embarquement, par les frais de chargement, le fret, les assurances, les risques de détérioration provenant de la navigation, les frais de déchargement, d'entrepôt, etc.? est-ce que cet ensemble de dépenses ne constitue pas une protection pour les Blés indigènes? Quand on parle d'égalité de charges, on ne devrait pas oublier ce que certains journaux nous rappellent souvent, à savoir que l'agriculture française est encore protégée par 300 millions de droits qui frappent, à l'entrée en France, les produits agricoles étrangers, et que quelques industries sont protégées par 800 millions de droits qui frappent les produits étrangers similaires aux leurs.

D'ailleurs, M. de Lavergne donne d'excellentes raisons

pour prouver qu'on ne peut pas établir de droit fixe supérieur à 1 fr. Or un grand nombre de propriétaires prétendent qu'ils ne pourront pas se passer d'un droit moindre de 5 fr. ou tout au moins de 3 fr., et ils seront aussi mécontents du droit de 1 fr. ou de 2 fr. qu'ils le sont aujourd'hui.

Est-ce donc bien la peine de porter une atteinte grave à la législation établie il y a quatre ans, pour ne calmer nullement les producteurs qui se plaignent et qui ne se plaindront pas moins vivement quand vous aurez établi le droit de 1 fr.? En présence des résultats magnifiques de notre nouveau système libéral, quoique bien éloigné encore d'être le libre échange, alors que toute l'Europe est ébranlée, lorsque l'Autriche et l'Espagne viennent de s'y associer, est-ce à la France de l'abandonner et de reculer pour rentrer dans le système protecteur?

Aussi je repousse tout droit fixe, quel qu'en soit le chiffre ; je le repousse en principe, et par trois raisons :

L'une de droit, la seconde d'humanité, la troisième d'intérêt spécial des agriculteurs.

Je ne reconnais pas aux gouvernements le droit d'intervenir dans la fixation des prix d'aucune marchandise et d'élever ces prix au détriment de tous les consommateurs dans l'intérêt des producteurs. Les gouvernements doivent à tous la sécurité et la liberté, la liberté du travail, et, comme en cette matière ils ne peuvent accorder de faveur aux uns qu'au détriment des autres, je ne leur reconnais pas ce droit. Surtout, quand il s'agit de denrées alimentaires, quand il s'agit de celle qui est le plus indispensable, du pain pour des Français, je dis que l'humanité exige qu'aucune mesure législative ne vienne en élever le prix. Quoi que fassent les législateurs, il y aura toujours un certain nombre de nos concitoyens qui auront de la peine à se procurer le pain nécessaire à leur subsistance et à celle de leur famille ; puisse ce nombre aller en diminuant sous l'influence du développement de la civilisation et par l'amélioration des conditions du travail! mais, quel qu'il soit, ne l'augmentons pas par des mesures législatives.

Vous dites : « Un droit de 1 fr., c'est bien peu de chose. » Je vous réponds que ce droit de 1 fr. est bien suffisant pour apporter de grandes entraves au commerce, dans les circonstances où son action est indispensable pour détourner de nous le fléau de la disette.

Admettez qu'en prévision d'une récolte insuffisante un négociant fasse venir 100,000 quintaux métriques de Blé; s'il peut gagner 100,000 fr. sur cette affaire, il la risquera; mais, si ces 100,000 fr. de profit sont absorbés par le droit à payer à l'entrée, il en résultera que, pour recueillir ce bénéfice, il faudra qu'il soit certain de faire 200,000 fr. de bénéfice, et, s'il n'a pas cette certitude, il renoncera à son opération. Mais, en présence de récoltes insuffisantes, l'importation de Blés étrangers sur une grande échelle peut seule prévenir, je ne dirai pas les cataclysmes, mais le malheur et les souffrances qui résultent des prix trop élevés.

Enfin je dis que l'établissement d'un droit fixe, loin d'être favorable aux intérêts de l'agriculture française, les compromettrait gravement, car il ne lui apporterait pas de soulagement suffisant, et il la détournerait de la seule voie dans laquelle elle puisse en trouver. C'est, à mon avis, un bien funeste préjugé que celui de réclamer, en toute chose et en toute occasion, l'intervention du gouvernement. Sommes-nous en présence d'une récolte insuffisante, nous lui demandons d'empêcher le Blé de renchérir; succombons-nous sous le poids de trois récoltes d'une abondance extraordinaire, nous lui demandons d'empêcher le prix du Blé de baisser. Autant vaudrait lui demander de faire tomber de l'eau sur les champs de Blé, pour qu'il talle bien, et de conserver aux vignobles les rayons d'un soleil radieux, pour que la floraison s'y passe heureusement. Est-ce qu'il n'y a pas de meilleur moyen que des remaniements de tarifs pour améliorer la situation des agriculteurs? est-ce que de meilleurs instruments de travail, de meilleurs assolements, des engrais préparés avec plus d'intelligence et employés avec plus d'abondance, est-ce que de meilleures variétés de grains ne peuvent pas augmenter les profits des agriculteurs, avec une augmentation relativement très-faible de dépenses? Et, si les agriculteurs ont de la peine à se procurer les capitaux nécessaires pour faire face à ces dépenses, ne faut-il pas modifier notre législation sur les priviléges, les hypothèques et les cheptels, pour mettre à leur disposition le crédit que toutes les autres industries obtiennent plus facilement qu'elle?

Voilà la voie dans laquelle il appartient à la Société centrale d'agriculture de servir de guide aux agriculteurs; en le lui demandant, je m'appuie sur l'autorité d'un agriculteur bien connu de nous tous, M. Vandercolme, qui dit dans une lettre publiée il y a deux jours par M. Barral :

« Dites bien, mon cher directeur, que la prospérité agri-
« cole ne doit pas dépendre uniquement de la hausse ou de
« la baisse du Blé ; que ce que nous devons chercher, c'est
« de produire nos grains plus économiquement et de pro-
« duire d'autres récoltes. »

Voilà la solution de la question, voilà la voie dans laquelle il nous faut pousser les agriculteurs. Ils ont peur d'eux-mêmes, des préjugés, des illusions dans lesquels ils sont entretenus par des passions de secte, d'école; et par d'autres encore qui ne se feront point entendre dans notre enceinte, mais qui inspirent une partie de la presse.

Donnons à l'agriculture confiance en elle-même; montrons-lui l'exportation des États-Unis diminuant à mesure que la population augmente et que les Blés récoltés dans le *Far-West* ont de plus grandes distances à parcourir pour arriver aux ports d'embarquement. Montrons-lui la production de la Russie entravée par l'émancipation des serfs et la révolution sociale et politique dont elle est menacée; car l'Angleterre est le seul pays qui ait su accomplir des révolutions sociales et échapper à des révolutions politiques. Disons à nos agriculteurs que, de même que la France a su conquérir le premier rang entre toutes les nations du monde, tantôt par son esprit littéraire et civilisateur, tantôt par le prestige de ses victoires, il lui appartient aujourd'hui de conquérir la même situation par son industrie, et il dépend de nos agriculteurs de l'obtenir pour l'agriculture, qui doit rester la première et la plus grande de toutes nos industries. Notre situation géographique, notre climat, la supériorité de nos produits agricoles et, en particulier, de nos Blés, l'habileté de nos meuniers, auxquels, représentés par M. Darblay, j'ai fait décerner la seule grande médaille accordée à cette industrie à l'exposition de Londres en 1851, rendent tributaires de notre agriculture la plupart des nations du globe ; et l'exportation de ses produits est la source la plus certaine de sa prospérité dans l'avenir. Repoussons donc le droit fixe, ne demandons au gouvernement que ce que nous avons le droit d'attendre de lui, *la sécurité et la liberté*, et plaçons-nous sur le terrain indiqué par M. Vandercolme. Que chacune de nos sections étudie les mesures qui la regardent spécialement, et la Société centrale en fera sortir des enseignements précieux qui permettront aux agriculteurs de conjurer promptement la crise sous laquelle ils gémissent en ce moment.

M. LE MARQUIS DE VOGUÉ — ne peut s'engager dans la discussion de tous les chiffres qui ont été produits dans le débat, et que sa mémoire n'a pu retenir ; mais, au fond, la question se réduit à savoir si le droit fixe actuel établi par la loi de 1861 est suffisant ou insuffisant. Ce sera là un des grands enseignements à retirer de l'enquête que les agriculteurs ont demandée tout d'abord sans que l'idée fût très-favorablement accueillie, mais qui a été définitivement acceptée par le gouvernement lui-même.

Parmi les adversaires du droit fixe, les uns le représentent comme injuste, et lui reprochent de faire hausser artificiellement le prix du Blé et du pain ; les autres soutiennent, au contraire, qu'il est inutile, parce qu'il ne change rien à la situation. C'est aux adversaires du droit fixe qu'il appartient de se mettre d'accord sur le point qui les divise; mais à ceux qui lui reprochent la hausse des cours on peut répondre que ce n'est pas tout pour l'ouvrier de payer le pain à bon marché, et qu'il lui faut encore du travail et des salaires pour subvenir aux besoins de son existence. A ce point de vue, les trois intérêts des ouvriers, des fermiers et des propriétaires sont étroitement enchaînés, chacun d'eux a des droits égaux à la sollicitude du gouvernement, car ils contribuent tous ensemble à la richesse du pays; mais, si les revenus des propriétaires diminuent, il s'ensuit nécessairement qu'ils auront moins d'argent à dépenser en travaux de toutes sortes, et qu'ainsi l'ouvrier lui-même sera atteint dans ses ressources.

On s'appuie sur l'excédant des exportations sur les importations, pour démontrer que les grains étrangers n'ont exercé aucune influence sur les prix de notre marché; mais n'y a-t-il donc que les quantités réellement présentes qui exercent réellement une action sur les cours, et, dans les transactions auxquelles donnent lieu les céréales sur un point déterminé, ne tient-on pas compte de l'état de la récolte passée et de la récolte à venir, des quantités disponibles dans un certain rayon, etc., etc., de toutes les circonstances, en un mot, qui sont de nature à modifier la situation? Il en est de même quand il s'agit de l'approvisionnement général du pays, et la possibilité d'acheter au dehors réagit nécessairement sur les cours à l'intérieur. Un droit modéré n'arrêterait pas le mouvement des affaires, mais il le modérerait dans de justes limites.

Il est permis de croire, d'ailleurs, d'après l'expérience de ces dernières années, que le pays serait mieux et plus sûrement approvisionné par l'agriculture que par le commerce. Celui-ci ne s'est-il pas complétement trompé en 1861, et n'a-t-il pas expié par de nombreux désastres l'exagération de ses entreprises? Ses apports ont dépassé les besoins, et ce stock pèse encore aujourd'hui sur les prix.

En supposant que le droit fût augmenté, ce n'est pas une

surtaxe de 2 fr., par exemple, qui empêcherait l'entrée des Blés étrangers, s'ils devenaient nécessaires à la consommation. On dit, il est vrai, qu'en cas de disette une taxe élevée ne pourrait être maintenue ; mais, en pareil cas, ce n'est pas le droit perçu à l'importation qui deviendrait une cause d'inquiétude, mais bien la liberté absolue de la sortie. Là seraient évidemment la grande difficulté et la grande préoccupation.

M. Lecouteux. — La question qui est à notre ordre du jour se pose carrément entre deux régimes économiques : le régime de la liberté du commerce extérieur des céréales ; le régime de la protection plus ou moins déguisée.

J'ai été élevé dans le respect de l'ancien régime protecteur. Mais , comme tant d'autres, j'ai compris que l'époque des chemins de fer et des grandes applications de la science et du capital à toutes les industries devait, logiquement et par la force des choses, aboutir à la liberté du travail , à la liberté des débouchés , et je me suis rallié à la doctrine des libertés économiques.

A mon avis, par conséquent, la liberté commerciale n'est pas ce qu'on a le droit d'appeler un mal nécessaire, un rêve d'honnête homme, une brillante utopie qui ne résistera pas à l'épreuve de l'expérimentation : dans notre situation économique, elle est, au contraire, la meilleure sauvegarde, la meilleure protection de l'agriculture, qu'elle préserve des excès de la baisse ; de la consommation, qu'elle préserve des excès de la hausse ; du gouvernement, enfin, qu'elle préserve du danger des crises alimentaires.

Mais, pas de malentendus, pas de demi-mesures. La liberté commerciale ne peut être réellement féconde qu'à une condition essentielle, c'est de faire partie de tout un programme, de tout un ensemble de réformes que nous devons poursuivre jusqu'à ce que, venant chacune en son temps, elles couronnent l'édifice de notre nouveau régime économique. Incontestablement l'agriculture a droit à de sérieuses compensations. On lui a demandé des sacrifices en faveur de la vie à bon marché, ce vœu général des consommateurs. Ce n'est que justice, ce n'est que prévoyance d'aider l'agriculture à résoudre le difficile problème de la production à bon marché, cette solution de toutes les solutions.

Le droit fixe, tel qu'on le demande, de 1 fr. 25 à 2 fr. par quintal de Blé importé sous pavillon français, substitué au droit fixe de 0 fr. 50, tel que nous l'avons aujourd'hui, serait-il une de ces sérieuses compensations?

Je ne crois pas, Messieurs, que la chose vaille la peine d'entreprendre une campagne. Ce serait faire bien du bruit pour une bien petite besogne, car il est de toute évidence que ni le droit fixe en vigueur ni le droit fixe demandé n'ont ou n'auraient le pouvoir d'exercer une influence quelque peu sensible sur le prix de nos Blés.

Permettez-moi, à cet égard, une citation : je l'emprunte à l'un de nos maîtres en économie politique, à notre honorable vice-président actuel, M. de Lavergne.

En 1859, lors de l'enquête du conseil d'État, M. de Lavergne demandait un droit fixe de 1 fr. 25 par quintal de Blé à l'importation ; mais, avec le sens économique qui le caractérise, il se hâtait d'ajouter que ce droit, purement fiscal, n'aurait aucune action sensible sur le prix de notre Blé.

« Quel que soit le système adopté, disait M. de Lavergne au conseil d'État ; que vous adoptiez l'échelle mobile modifiée, ou bien le système de la liberté tempérée par un droit fixe à l'importation, les choses iront toujours à peu près de la même façon. L'importation et l'exportation ont toutes deux des nécessités : vous pouvez les gêner, vous ne pouvez pas les arrêter. Elles trouvent leurs limites dans la nature même des choses ; elles dépendent des prix qui dépendent eux-mêmes du plus ou moins d'abondance de la récolte. Les résultats obtenus se ressembleront beaucoup dans tous les cas, et le bruit qu'on fait sur cette question n'est pas égal à son importance. »

En quoi donc, je vous le demande, Messieurs, une chose

qui avait si peu d'importance en 1859 serait-elle devenue, en 1866, une question de premier ordre? Serait-ce qu'en matière économique le gouvernement serait devenu plus libéral que les libéraux eux-mêmes? serait-ce que ce droit fixe de 1 fr. 25 aurait tout à coup acquis la vertu, jusqu'alors contestée, de remédier aux souffrances de l'agriculture?

Examinons. Deux systèmes ont, dans ces derniers temps, régi notre commerce extérieur de céréales. L'un date de 1820 et s'appelle le *régime protecteur* avec droits variables d'importation; — l'autre date de 1861 et s'appelle le régime de la liberté avec un très-faible droit fixe à l'importation. Nous pouvons juger ces deux régimes par leurs œuvres. Nous pouvons leur demander ce qu'ils ont fait l'un et l'autre, pour l'agriculture, au point de vue du Blé.

Le nouveau régime compte cinq années d'existence révolues. Débutant en 1861, il s'est trouvé en présence de l'une de nos plus faibles récoltes, une récolte de 75 millions d'hectolitres, qui succédait à une forte récolte de plus de 101 millions. Des craintes s'élevaient. On redoutait une extrême cherté. C'était une excellente circonstance pour voir si le nouveau régime préviendrait les excès de hausse.

Le commerce s'est mis à l'œuvre avec une furie toute française. Moins de trois mois après la récolte, il avait importé, comme M. de Lavergne l'a constaté, plus de 5 millions métriques de Froment, si bien que, malgré une très-mauvaise récolte, le prix moyen de l'année 1861 a été de 24 fr. 55 l'hectolitre. L'épreuve était décisive. Tout en maintenant un prix très-rémunérateur pour l'agriculture, le nouveau régime avait épargné au pays les dangers d'une crise alimentaire.

En 1862, très-bonne récolte. Mais les importations de l'année précédente, comme l'a démontré M. Barral, pèsent sur les cours. Le Blé reste cependant à 23 fr. 54 l'hectolitre.

A partir de 1863 commence une autre épreuve en sens inverse. Les bonnes récoltes succèdent aux bonnes récoltes. Le marché intérieur s'encombre. Les exportations dépassent les importations. Le commerce extérieur désencombre nos marchés. Etant donné un trop-plein à écouler, trop-plein créé par notre propre agriculture, le commerce extérieur fait alors la hausse et non la baisse; il atténue, par conséquent, nos souffrances.

Nos prix moyens deviennent comme il suit :

	fr. c.	
Année 1863	19 78	l'hectol.
— 1864	17 16	—
— 1865	15 75	—

Que ces prix, et surtout celui de 1865, coïncidant avec une récolte dite médiocre, ne soient pas jugés suffisamment rémunérateurs, ceci est une affaire qu'il faut apprécier à part, mais qui, très-certainement, ne témoigne pas contre le nouveau régime.

En effet, au prix de 1863, c'est-à-dire au prix de 19 fr. 78, on peut opposer les prix de l'ancien régime attribuables aux douze années suivantes.

	fr. c.	
Année 1820	19 13	l'hect.
— 1821	17 79	—
— 1823	17 52	—
— 1827	18 21	—
— 1836	17 32	—
— 1837	18 53	—
— 1838	19 51	—
— 1841	18 54	—
— 1842	19 55	—
— 1844	19 75	—
— 1845	19 75	—
— 1852	17 23	—

Et cela sans préjudice des autres prix, plus bas encore, qui nous restent à citer.

En 1864, le prix moyen a été de 17 fr. 16; mais il y a eu plus bas encore sous l'ancien régime. En voici la preuve :

		fr. c.	
Année	1823	16 22	l'hectol.
—	1826	15 85	—
—	1833	16 62	—
—	1848	16 65	—
—	1858	16 75	—
—	1859	16 74	—

Reste l'année 1865 avec son prix de 15 fr. 75 l'hectolitre. Certes, voilà un prix malheureux pour les producteurs. A qui la faute ? Est-ce au nouveau régime de la liberté ? En ce cas, il faudrait que l'ancien régime protecteur ne présentât pas de prix inférieurs à 15 fr. 75. Or c'est ce qui n'est pas, attendu que l'histoire de l'ancien régime nous offre les prix suivants :

			fr. c.
Année	1822	avec un prix moyen de	15 59
—	1825	—	15 74
—	1834	—	15 25
—	1835	—	15 25
—	1849	—	15 37
—	1850	—	14 32
—	1851	—	14 48

Ainsi, de 1820 à 1865 inclusivement, il y a une période de quarante-six ans soumise à deux régimes économiques différents, et il se trouve que le régime protecteur qui a duré quarante ans n'a que cinq années de prix supérieurs à présenter comparativement aux prix du nouveau régime.

Ces prix supérieurs se rapportent à

			fr. c.
L'année	1847	avec le Blé à	29 01
—	1854	—	28 82
—	1856	—	29 32
—	1856	—	30 75
—	1857	—	24 37

Pour le reste, c'est-à-dire pour trente-cinq ans, l'ancien régime n'a rien qui le recommande à la reconnaissance de l'agriculture. Ses prix sont ceux du nouveau régime. Et encore faut-il noter que le prix de l'année 1857 (24 fr. 37) est inférieur au prix de l'année 1861 (24 fr. 55).

Et c'est en présence de ces enseignements qu'on vient demander d'élever le droit fixe pour remédier au bas prix des céréales.

Soit. La proposition émane d'hommes considérables qui mettent en avant la nécessité de donner satisfaction aux intérêts de l'agriculture française en souffrance. Examinons.

Assurément, c'est surtout pour les années d'abondance qu'on demande la protection des droits fixes d'importation. Dans les années de cherté, nos prix élevés nous permettent de braver la concurrence étrangère, et d'ailleurs nous savons tous, aujourd'hui, qu'en pareil cas un gouvernement ne peut, sans de graves dangers, intervenir dans les questions de subsistance.

Prenons donc une année sinon d'abondance, au moins de petits prix, l'année 1865. Nous avons importé alors, soit surtout en grains, soit très-faiblement en farines, l'équivalent de 1,958,603 quintaux de Froment. Appliquons à cette importation le droit fixe demandé de 1 fr. 25 par quintal, c'est-à-dire 0,75 de plus que ce qui est perçu aujourd'hui, nous aurons une recette douanière supplémentaire de 1,468,950 francs. Veut-on augmenter le droit jusqu'à porter la recette à 3 millions de francs? Peu importe. Nous soutenons qu'elle n'exercera aucune influence appréciable sur les cours, et cela par la raison toute simple que notre récolte pouvant s'évaluer à 100 millions d'hectolitres, cette récolte représente une somme de 1 milliard 600 millions de francs, le Froment étant coté 16 fr.

Que voulez-vous donc faire avec l'infiniment petit contre l'infiniment grand?

Que voulez-vous faire avec un million et demi à deux millions de Blés étrangers sur un marché où se remuent 100 millions d'hectolitres de Blé valant au minimum 1 milliard 600 millions de francs?

Car enfin, il ne faut jamais se lasser de le répéter. La France est un pays à céréales, un pays où l'exportation l'emportera de plus en plus sur l'importation, un pays qui produit beaucoup trop lui-même pour que, dans les années d'abondance, les Blés étrangers puissent agir sur ses marchés. Il y a longtemps que M. de Lavergne nous a fourni cette rassurante démonstration, et jamais, quels que soient ses succès habituels, il n'a été aussi persuasif.

Parlera-t-on d'effet moral? parlera-t-on de ce genre de baisse qui se produit par la peur de l'importation ?

On comprend que les acheteurs exploitent le spectre des Blés russes, des Blés égyptiens, des Blés américains, des Blés turcs, et autres venant des steppes. Ils font leur métier.

Mais pourquoi donc les vendeurs, opposant effet moral à effet moral, ne répondraient-ils pas par les chiffres de nos exportations? pourquoi ne diraient-ils pas que, dans l'année **1865**, l'exportation du Blé a été plus du triple de l'importation, en sorte que, par la force naturelle des choses, la liberté commerciale a fait la hausse, et non la baisse, sur notre marché encombré par les récoltes de **1863** et **1864**?

Pourquoi ne diraient-ils pas que nos exportations ont lieu principalement sous forme de farines, c'est-à-dire à l'état de produits industriels qui laissent des salaires pour les ouvriers et des issues pour nos bestiaux?

Pourquoi, enfin, n'invoqueraient-ils pas les tableaux suivants que j'extrais des documents officiels de l'administration des douanes (*commerce général*) ?

Année 1865.

	Importations. qx. mét.	Exportations. qx. mét.
Seigle...............	5,940	846,071
Maïs................	179,460	72,609
Orge.	71,620	1,068,201
Avoine.............	329,229	217,010
Sarrasin............	»	100,359
Total......	586,249	2,304,250

En rapprochant les deux sommes, on verrait que les exportations des menus grains sont le quadruple des importations.

	Importations.	Exportations.
	fr.	fr.
Chevaux........	9,381,000	6,086,000
Mules.	»	15,055,000
Bestiaux........	76,236,000	33,823,000
Viandes.........	4,621,000	11,467,000
Fromage, beurre.	19,340,000	60,602,000
Vins............	5,024,000	280,001,000
Eaux-de-vie.....	4,198,000	58,899,000
Œufs...........	»	»
Légumes secs et leurs farines..	6,545,000	16,449,000
	125,345,000	482,382,000

Ici encore l'exportation est presque le quadruple de l'importation.

Voilà, Messieurs, des faits qui constituent de grands enseignements. Invoquer seul l'effet moral de l'importation, c'est chercher le succès dans une question dont on expose une seule face. Parlons, parlons beaucoup et souvent, de l'effet moral de nos exportations. Disons qu'elles surexcitent une grande production de bétail, et alors nous ferons luire des espérances là où notre rôle n'est pas de semer et d'entretenir le découragement. L'ancien régime a fait de la France un pays à céréales, le nouveau régime en fera un pays à bétail, et le bétail, c'est le grand agent d'abaissement des prix de revient de toutes nos récoltes.

Je me résume. Un droit fixe plus élevé ne remédiera à rien, même de l'aveu de ses partisans les plus autorisés. Le caractère, la condition de durée de tout droit fixe à l'importation du Blé, c'est d'être très-modéré, car, autrement, il ne résisterait pas à la première cherté; il faudrait le retirer devant l'opinion publique. Et alors, plus de sécurité pour le grand commerce d'approvisionnement qui a besoin de savoir ce qui l'attend aux frontières d'importation.

Que faut-il donc faire?

Il faut, Messieurs, partir de ce principe que l'agriculture a droit à des compensations sérieuses et que l'élévation du droit fixe est un de ces expédients qui entretiendrait des préjugés provenant de notre vieil esprit protectionniste, et non de l'étude des faits de notre époque. Ces faits méritent bien aussi qu'on tienne compte de leur importance. Soyons de notre temps. Ne demandons pas au gouvernement de chercher à élever le prix du Blé par des combinaisons douanières impuissantes, demandons-lui de nous aider à le produire à meilleur marché. Là est la vraie solution, et là, par conséquent, l'intérêt des discussions auxquelles nous devrons nous livrer lorsque nous aurons coulé à fond la question du droit fixe.

Un dernier mot, cependant. On dit : Soyons modestes, demandons peu afin d'obtenir quelque chose. Et c'est ainsi que l'on s'engage, tête baissée, dans cette campagne du droit fixe, sans songer que c'est précisément là ce qu'on peut demander de plus fort au gouvernement, puisque c'est lui demander le sacrifice des convictions qui, dans ces derniers temps, ont inspiré ses paroles, ses écrits et ses actes officiels. Lisons, en effet, les circulaires ministérielles. Lisons le dernier discours du trône. Nous y verrons la preuve que jamais le drapeau de la liberté commerciale n'a été tenu ni plus haut ni plus ferme. Lisons, d'autre part, les documents de l'enquête officielle de 1859, nous y verrons que rien ne devait, au point de vue du renchérissement du Blé, être plus inoffensif que le droit fixe.

Et c'est lorsque le gouvernement a si bien profité de la leçon, c'est lorsqu'il s'est montré, en économie politique, libéral entre les plus libéraux, qu'on vient lui demander de revenir en arrière, — lui demander d'abaisser son drapeau, — lui demander de nous donner un semblant de satisfaction qui tromperait tout le monde de bonne foi, ceux qui demanderaient comme ceux qui donneraient, et qui, notons bien ceci, aurait pour résultat de nous détourner de réformes plus urgentes, plus considérables, plus vraiment agricoles !...

Messieurs, il y a ici des contradictions. Et il n'est pas bien certain que ceux-là obtiendraient le plus qui auraient demandé le moins. En tout cas, on ne comprend pas ce langage de l'humilité lorsqu'il s'agit de parler au nom de l'industrie du grand nombre, au nom de cette *industrie mère* qui porte dans ses flancs les deux plus brûlantes questions économiques de notre époque, la question des subsistances et la question du travail de la population la plus nombreuse.

Nous assistons à une crise agricole qui marque le passage, naturellement difficile, de *l'agriculture de la protection à l'agriculture de la liberté*. Cherchons à cette crise, non des remèdes anodins comme le droit fixe, mais des remèdes qui guérissent, des *fortifiants* qui donnent une nouvelle et puissante vitalité à notre agriculture.

Je voterai contre toute proposition tendant à modifier, dans ses dispositions essentielles, notre législation sur le commerce extérieur des céréales. Nous avons, dans cet ordre de faits économiques, la liberté. C'est le cas d'être conservateur.

M. DE DAMPIERRE — a été frappé des idées absolues émises par M. de Kergorlay, et péniblement impressionné de la prétention absolue de l'école à laquelle il appartient d'être seule dans le vrai; il était disposé tout d'abord à écouter les utiles leçons qui ne pouvaient manquer de ressortir de l'important débat engagé devant la Société, mais sa conscience lui fait une loi de se désister de cette réserve et de protester contre des doctrines dont il redoute les conséquences, et qui, poussées à l'extrême, refoulent les sympathies très-vives que lui inspirent les belles lois économiques que l'on appelle fort improprement à son gré le *libre échange*.

Il a peur des maîtres qui nient nos misères et qui, par conséquent, ne chercheront rien pour les alléger. Il a peur des principes qui auraient la brutalité du fer rouge et qui n'hésiteraient pas devant les plus violents remèdes.

Uniquement préoccupé de défendre l'intégrité des principes, M. de Kergorlay est passé à côté des souffrances de l'agriculture sans les apercevoir; mais elles n'en sont pas moins réelles, et il est permis de rechercher si elles n'admettent pas précisément parmi leurs causes une législation qui peut constituer à la fois un grand péril et une grande injustice. En effet, le prix actuel des grains porte en germe la ruine de notre agriculture, non-seulement par les souffrances qu'il occasionne dès aujourd'hui, mais parce qu'il est, selon lui, non pas le dernier terme, mais le pronostic et l'indice d'une crise à son début. En outre, la législation de 1861 fait de la protection à rebours, en ce sens qu'elle favorise l'entrée des Blés étrangers par une prime équivalente à l'excédant des impôts que paye le producteur français.

L'honorable membre ne regrette pas l'échelle mobile et ne demande pas de protection pour l'agriculture, mais il se borne à réclamer, en faveur de celle-ci, une situation égale à celle qui a été faite à l'industrie. Dans les traités internationaux qui ont été signés depuis 1861, l'industrie est protégée par des droits dont le taux varie de 10 à 20 p. 100; au même moment, en ce qui concerne l'agriculture, le gouvernement agissait dans sa pleine et entière liberté, puisque le droit d'entrée sur les céréales n'est pas le résultat d'une stipulation commerciale, mais qu'il a été fixé volontairement par une loi révocable à volonté. Or ce droit, fixé à 0f,50 par quintal métrique, sous pavillon français, ne représente pas plus de 2 p. 100 de la valeur, et encore est-il le plus souvent éludé et réduit à néant par le système des acquits-à-caution pour la mouture. M. de Kergorlay, dans son respect absolu pour les principes, n'hésiterait pas à sacrifier ce droit minime, mais il n'a pas dit si la même mesure devrait être appliquée aux taxes qui protégent l'industrie. L'étranger applaudirait certainement à une semblable résolution; mais il est permis de douter qu'elle obtînt le même succès auprès de nos fabricants. Beaucoup sont déjà très-médiocrement satisfaits, et l'un d'eux, chef d'un grand établissement métallurgique, à qui l'on demandait dernièrement ce qu'il présenterait à l'exposition universelle de 1867, répondait qu'il y enverrait la clef de son usine.

Quoi qu'il en soit, dans cette voie du libre échange, nous avons été plus loin que l'Angleterre, qui frappe les alcools étrangers d'un droit de 3 francs par litre, et le malt d'une taxe de 31 fr. 50 par quarter (290 litres) ; nous avons également dépassé l'Amérique qui impose à nos eaux-de-vie des droits prohibitifs. Si le libre échange devait être entendu de cette façon, il serait accepté des protectionnistes, l'honorable membre irait plus loin que la libre Angleterre et la libre Amérique! Quelle exigence énorme de la part de l'agriculture française, qui supporte à peu près toutes les charges publiques, que de demander que, par des lois qui ne tiennent qu'à la volonté de son gouvernement, on la protége au même degré que l'industrie française l'a été en vertu de traités internationaux!

N'est-il pas injuste de dénier à l'agriculture le droit de demander que les produits étrangers soient frappés, sur notre marché, de taxes équivalentes au montant des charges qui incombent aux produits similaires français? Un comice agricole, celui de Lesparre, expose en termes frappants sa juste plainte, la voici :

« Les céréales arrivant de l'étranger sont admises à la consommation sous le faible droit de balance de 50 centimes par 100 kilogrammes. Les droits sur les vins et les bestiaux sont également des plus minimes et représentent à peine les frais nécessités par la vérification et le contrôle de la douane. Nous croyons que cet état de choses est en contradiction avec les grands principes d'égalité et de justice qui sont le fondement de l'ordre social. Nous croyons que, pour les céréales et pour tous les produits agricoles ou industriels similaires aux nôtres, les droits d'entrée devraient être équivalents aux charges directes et indirectes que l'État fait peser sur les producteurs nationaux, et qu'ainsi seulement se trouveraient remplies les conditions nécessaires d'impartialité envers le producteur comme envers le consommateur.

« L'État ayant la mission de faire concourir également au payement de ses charges tous les produits et revenus qui profitent de sa protection, ne devrait-il pas faire supporter, aux rentrées étrangères admises sur nos marchés, une part dans les dépenses administratives du pays? et l'exemption qu'il leur accorde n'entraîne-t-elle pas, en définitive, une aggravation d'impôt pour le contribuable français? »

M. de Kergorlay s'est livré à des calculs d'où il résulte que les agriculteurs du Midi sont seuls à se plaindre, et que la proportion de ceux qui souffrent représente à peine 1/6 du nombre total, mais à ces évaluations l'honorable membre peut opposer son propre exemple. Propriétaire dans le Midi et dans le Sud-Ouest, il l'est également dans le Nord. Or les fermes qu'il possède dans le département de l'Aisne, et dont quelques-unes sont à fin de bail, ne peuvent pas se louer aujourd'hui plus cher qu'il y a douze ans, et, à ce prix même, plusieurs fermes ont dû être remplacées par d'autres. Mais, comme, d'une autre part, 5 francs ne valent plus maintenant ce qu'ils valaient à cette époque, on peut en conclure que le revenu des terres, dans cette localité, qui ne figure pas parmi les moins riches de la France, s'est abaissé depuis douze ans.

En résumé, le nouveau système inauguré en 1861 fait de la *protection à rebours* suivant l'expression de M. de Lavergne; on peut bien admettre qu'il n'est pas la cause directe des prix actuels, mais il y contribue et produit le découragement chez les agriculteurs. Un tel état de choses demande de *sérieuses compensations*, M. Lecouteux lui-même vient de le proclamer. Le mal dont souffre l'agriculture et le mal qui la menace consistent dans un ensemble de charges accablantes pour l'agriculteur, dans l'absence de crédit, dans une foule d'hérésies agricoles qui pullulent dans nos lois civiles, fiscales, judiciaires, administratives.

Quand on aura débarrassé l'agriculture de ses entraves, on s'étonnera que, trahie et mal servie comme elle l'a été jusqu'ici, elle ait pu encore s'élever au niveau où elle est. L'honorable membre appelle ce jour de ses vœux; mais, en attendant ces grandes et nécessaires réformes, il est sage et prudent de se contenter d'un palliatif tel que l'augmentation du droit d'entrée sur les Blés étrangers. En se prononçant dans ce sens, la Société d'agriculture donnerait un bon exemple et un excellent enseignement, au moment même où va s'ouvrir l'enquête annoncée par le discours de la couronne.

M. Wolowski — fait remarquer d'abord que le débat soulevé devant la Société peut avoir une immense portée par les conséquences qu'il entraîne. Ce qui importe au fond, ce n'est pas l'élévation insignifiante du droit fixe que demandent MM. Barral et de Dampierre, mais le coup qui serait porté à notre nouvelle législation économique, si cette prétention était admise. M. de Dampierre a commencé par déclarer qu'il n'était pas l'adversaire de la liberté, et qu'il réclamait seulement l'égalité de traitement entre l'agriculture et l'industrie ; mais, en terminant, il a retiré cette concession et s'est rangé sous la bannière des protectionnistes. M. de Dampierre demande pour l'agriculture le régime dont jouit l'industrie. Avant d'aborder la question sous ce point de vue, il est juste de rechercher quel était l'état réel des choses au moment où la réforme économique a été proclamée et mise à exécution.

L'honorable membre n'aime pas les révolutions subites ; il appelle de tous ses vœux le moment où l'industrie manufacturière verra diminuer les droits qui la protégent aujourd'hui; mais il n'est pas moins vrai que le passage de la prohibition et de la protection excessive à la liberté absolue ne pouvait s'opérer brusquement, et que, pour ménager la transition, il a fallu maintenir les tarifs dans de certaines limites. Pour l'industrie, la protection était réelle; quant à l'agriculture, les tarifs ne la protégeaient qu'en apparence; elle se regardait comme protégée, mais elle ne l'était pas en réalité; les économistes ont démontré qu'elle avait été dupe d'un leurre et d'une illusion, que non-seulement elle n'était pas protégée, mais qu'elle ne pouvait pas l'être. On ne peut donc pas dire que la situation était égale entre l'agriculture et l'industrie, quand le moment de la réforme est venu. Il a fallu, nécessairement, ménager la transition, car on se trouvait en présence de capitaux engagés, de situations acquises, d'intérêts puissants avec lesquels il était juste de compter. C'est ce qui a été fait ; mais il ne faut voir là qu'une exception transitoire, comme les circonstances qui l'ont créée, et non un système permanent. D'une manière générale, l'honorable membre repousse l'action de la douane comme moyen d'exhausser le prix des produits au dedans. C'est ainsi que le régime douanier fonctionne, d'ailleurs, en Angleterre; si certains produits, tels que les alcools et le malt, payent des droits élevés, il est juste d'ajouter que les produits similaires indigènes sont soumis aux mêmes taxes.

M. Wolowski — croit que, dans la grave question soumise en ce moment à la Société d'agriculture, il y a beaucoup de préjugés à vaincre et d'illusions à dissiper. L'expérience accomplie aurait dû écarter les unes et détruire les autres. Cependant nous avons entendu attaquer notre nouvelle législation commerciale comme exposant le pays à un grand péril et comme consacrant une grave injustice ; la situation pénible des cultivateurs, dont on a tracé le tableau rembruni, ne serait que le pronostic d'une crise qui commence et dont la libre entrée des denrées agricoles est présentée comme la cause première. Il faudrait à l'agriculture une protection égale à celle dont profite l'industrie, pour laquelle on a consacré des droits de 10, de 20 et de 30 pour 100. Si l'on ne relève point la barrière de la douane, tout est perdu.

Ces doléances et ces sinistres prophéties sont-elles mieux fondées que les craintes exprimées du même côté, lors de l'enquête de 1859, qui a préparé l'abolition de l'échelle mobile? Il est permis d'en douter : ceux qui se sont si étrangement trompés alors ne semblent point plus heureux maintenant dans leurs appréciations. Que disaient-ils? Si l'échelle mobile cesse de régler l'entrée des Blés, la culture sera abandonnée, les terres resteront en friche, les salaires seront abaissés, et la subsistance du pays, alimenté par un importation immense, sera livrée au hasard des vents et des tempêtes. Des montagnes de Blé, produit à vil prix en Russie, s'ébranleront pour nous inonder.

Aucune de ces prévisions ne s'est réalisée : nous nous trouvons, au contraire, en présence d'une production de Blé notablement accrue, et l'excédant de notre Froment, qui ne parvient qu'en partie à se déverser sur les marchés du dehors, amène la réduction du prix dont on se plaint. Les salaires ont haussé et l'importation des grains étrangers devient de moins en moins importante.

On comprenait l'erreur de ceux qui, croyant à une invasion de notre marché par les denrées du dehors, faisaient appel à des droits élevés, pour empêcher ce qu'ils regardaient comme un mal; ils étaient au moins logiques dans leurs réclamations. Mais ceux qui, aujourd'hui, en présence des faits connus et mieux appréciés, persistent à caresser une pareille chimère sont moins excusables : ils ravivent dans les esprits cette fausse idée que les prix des denrées agricoles dépendent de la volonté du gouvernement et des prescriptions de la loi ; ils promettent aux populations rurales ce qu'ils ne peuvent pas tenir, et les engagent dans une mauvaise voie. Ils réveillent des sentiments hostiles entre les diverses formes de la richesse, en présentant la propriété foncière comme sacrifiée au profit de la propriété mobilière, et l'agriculture comme délaissée, tandis que l'industrie se trouve protégée.

C'est un premier point utile à éclaircir.

L'agriculture n'a joui chez nous, jusqu'à l'époque de la grande réforme commerciale, que d'une protection tout à fait nominale, car la nature des choses résiste à ce qu'un pays abondamment pourvu des plus riches éléments de la production agricole, dont le sol, le climat et l'intelligence laborieuse des habitants ont fait le producteur du Blé par excellence, admette les artifices douaniers. Certaines branches de l'industrie, au contraire, profitaient largement du régime ultra-protecteur et du régime prohibitif, dont le poids retombait sur l'agriculture, dont celle-ci payait en réalité tous les frais. Une grande mesure a été prise, un régime plus libéral a été inauguré, une réforme féconde a été accomplie. Mais c'était une *réforme* qui devait ménager la transition, ce n'était pas une révolution destinée à semer des ruines autour d'elle. N'oublions pas le point de départ : l'échelle mobile était suspendue depuis 1853, il n'y avait qu'à confirmer, en ce qui la concernait, une mesure dictée par la justice et par la nécessité. L'industrie, au contraire, s'était développée à l'abri de la prohibition et de droits exorbitants : il fallait donc abolir la prohibition, on l'a fait; il fallait réduire les droits, on l'a fait; mais on ne pouvait, par un coup de baguette, du jour au lendemain, déplacer les capitaux engagés, renouveler l'outillage, bouleverser toutes les conditions. Quelque décidé qu'il soit pour le principe de la liberté commerciale, M. Wolowski comprend et approuve la prudente réserve du législateur. Les droits maintenus ne l'ont été que pour un temps : le but nettement marqué, c'est l'abolition complète des droits protecteurs, qui ne laissera subsister que des droits purement fiscaux, source nécessaire et utile de revenu pour l'État. Ce but, nous devons nous en rapprocher successivement, sans brusquer d'une manière violente les étapes. Il se trouvait atteint dès le début, en ce qui concerne le Blé; de là vient la différence que signalait M. de Dampierre. L'industrie est avertie, elle sait qu'un jour viendra où ce sera le libre cours du marché, et non l'intervention de la douane, qui déterminera le prix de vente; elle se prépare à cette transformation définitive, mais on a sagement agi en lui donnant le temps de s'y préparer.

On reconnaît que l'agriculture a accompli de grands et glorieux progrès depuis douze ans; elle est entrée en 1853 dans l'application de la liberté du commerce des grains, et elle s'en est bien trouvée. La baisse actuelle est loin d'atteindre le niveau de celles que l'on signale à diverses re prises dans le passé, et les autres denrées ont singulièrement vu augmenter leurs prix et leur produit. La propriété a recueilli un bénéfice naturel, légitime, car il a été la récompense d'un service rendu, et non le fruit factice d'une loi restrictive. Sans doute la propriété a des droits sacrés, qui forment la base première de la Société, mais, comme l'a dit éloquemment sir Robert Peel, elle a aussi des devoirs : le premier de tous consiste à ne faire peser aucune contrainte sur le marché, à ne point élever de barrière jalouse entre le consommateur et le produit. Le libre et entier exercice de la propriété est un droit sacré, et non un privilége ou un monopole ; il profite à tous, sans peser sur personne. Le *prix* est l'expression exacte du service rendu, tant que la barrière de la douane ne vient point intercepter la jouissance des dons répandus sur le globe par la providence divine. L'influence réciproque et libre du mouvement commercial entretient un équilibre légitime et assure l'équitable distribution des produits.

On se place sur une pente périlleuse, quand on veut faire dépendre la valeur des choses d'une prescription arbitraire. Du moment où un producteur quelconque dit : *Je ne puis produire qu'à tel prix, assurez-le en obligeant le consommateur à s'adresser à moi;* au lieu d'un service rendu, on ne rencontre plus qu'une servitude imposée, et tel ne doit jamais être l'aspect de la propriété. Le législateur sort de son rôle de protecteur de tous les intérêts sociaux, lorsqu'il veut priver les habitants du droit d'acquérir les subsistances à meilleur compte, et la mémoire de sir Robert Peel sera éternellement bénie dans les plus humbles demeures de l'Angleterre, parce qu'il a su faire triompher le principe d'équité, vaillamment mis en avant par la ligue contre la loi des céréales. Qu'on y prenne garde, si le propriétaire réclame un tarif de douane contre le Blé du dehors, en disant qu'il ne peut produire qu'à un certain prix, que pourra-t-on répondre à l'ouvrier, qui lui n'est pas protégé et ne veut pas être protégé contre l'importation des bras étrangers, lorsqu'il s'écriera : *Je ne puis travailler qu'à tel prix, assurez-le-moi!* Les deux prétentions sont également périlleuses et erronées : tout travail se rétribue au moyen des résultats qu'il donne : accroître le prix nominal des choses, ce n'est pas accroître la richesse qui résulte de la masse des produits créés; des lois supérieures, que la contrainte essayerait vainement de dominer, régissent les rapports matériels et déterminent le taux du produit offert et du service rendu; leur application peut seule faire régner la justice et garantir tous les droits légitimes. Quand on les méconnaît, on livre tout au caprice de l'arbitraire.

La grande enquête à laquelle on va procéder mettra en lumière, il faut l'espérer, la véritable situation des choses; elle ne permettra pas qu'on ait recours à un moyen empirique, qui, sans apporter aucun remède à la souffrance de l'agriculture, amènerait les plus tristes conséquences pour l'ensemble de la législation commerciale. En attendant, il est permis de regretter une agitation, quelque peu factice, qui aggrave le mal, car, à force de répéter que les prix sont encore menacés d'une baisse plus forte, on éloigne les achats, et l'on amène la crise. Un examen calme et réfléchi écartera les arguments parasites, et ramènera vers une appréciation plus exacte et plus rassurante de la situation générale. Sans répéter ce qu'ont si bien démontré MM. de Kergorlay et Lecouteux, il suffit de rappeler la surabondance des récoltes de **1863** et de **1864** pour comprendre la baisse dont se plaignent les producteurs de Blé. La loi de **1861** n'y est pour rien, puisqu'il est sorti, l'année dernière, quatre fois autant de Blé qu'il en est entré. Comme le disait M. de Lavergne dans l'enquête de **1859**, ce sont nos propres Blés qui contiennent le prix des Blés étrangers et qui les empêchent de monter plus haut. La hausse et la baisse dépendent, en fin de compte, de l'approvisionnement national; chacun vend comme il peut vendre, et, quand l'extension des cultures, un rendement meilleur par hectare et de bonnes récoltes successives amènent un trop-plein, il faut bien que le prix s'affaisse. L'équilibre entre une production rapidement accrue et des besoins qui ne se développent que plus lentement ne saurait s'établir instantanément; dans cette position, loin d'avoir quelque chose à redouter de l'importation, c'est à l'exportation qu'il faut recourir. L'élévation du droit d'entrée est chose complétement illusoire.

Il est vrai que, dans ces derniers temps, un argument, habilement présenté, a séduit certains esprits. On ne pouvait point argumenter d'une invasion des Blés étrangers, car ceux-ci font très-modeste figure chez nous ; aussi, faute d'avoir à signaler ce qu'on aurait dénoncé comme un mal, s'est-on rabattu sur la peur du mal. Ce n'est pas, a-t-on dit, le Blé qui entre qui pèse sur le prix, c'est celui qui peut entrer. L'argument n'est pas nouveau; il s'est produit déjà, lors de l'enquête de 1859, par la bouche d'un des commissaires du gouvernement, et il amena une réponse décisive de la part de l'honorable M. de Lavergne. M. Wolowski croit devoir la reproduire, car, pour avoir raison d'un aussi brillant adversaire, on ne saurait employer d'arme plus décisive que celles qu'il fournit lui-même. Voici le passage de l'enquête sur la révision de la législation des céréales, séance du 26 février 1859 (t. Ier, p. 24) :

Un *membre* de la commission avait émis la pensée que les prix dépendent de la quantité des Blés français qui existe réellement, et de la quantité du Blé étranger qui peut entrer, et il ajoutait que le cultivateur français, en présence des Blés étrangers qui le menacent, est obligé de vendre ses produits, non pas suivant le prix de la culture française, mais suivant le prix de la culture étrangère. M. de Lavergne répondit : « Je sais bien que la peur ne raisonne pas; il faudra pourtant bien que les producteurs finissent par se dire qu'on ne peut pas importer ce qui n'existe pas. Ce n'est pas par caprice que les étrangers ne nous ont pas vendu plus de Blé, c'est qu'ils n'en avaient pas davantage à nous vendre. Le fantôme d'une importation indéfinie, dont on épouvante les producteurs si la liberté était proclamée, s'est évanoui devant cette liberté. Lorsque deux producteurs entrent en concurrence, l'un qui apporte *un ou deux pour cent* de l'approvisionnement, et l'autre qui apporte *quatre-vingt-dix-huit pour cent* au moins, je ne puis admettre que celui qui produit le moins fasse le prix à l'égard de celui qui produit le plus. C'est l'histoire d'un très-grand et d'un très-petit bassin mis en communication : celui qui donne le niveau, c'est le grand et non pas le petit. »

Il serait difficile de rien ajouter à cette vigoureuse démonstration.

Mais, sans avoir besoin de la fortifier, il n'est pas inutile de montrer combien les craintes affichées manquent de tout motif sérieux.

On ne se lasse point de parler des inépuisables greniers de la Russie et de l'avalanche de Blé qui menace, de ce côté, les marchés du continent. Les choses ont singulièrement changé depuis l'époque où un illustre orateur avait mis en œuvre toute la séduction de sa parole pour tracer le tableau fantastique des conditions de la production et du transport des Blés d'Odessa. Quelque respect et quelque admiration qu'il nous inspire, nous n'avons jamais été fasciné par ce roman de M. Thiers. Alors déjà on n'était plus au temps où, suivant la spirituelle expression de Sismondi, le Blé russe ne coûtait que les coups de bâton distribués aux paysans pour le produire ; les frais de production augmentaient, ils ont bien plus augmenté encore, et, si les frais de transport avaient été insignifiants, on ne s'occuperait point de construire des chemins de fer, grâce auxquels on trouve une économie à envoyer le grain, à grande distance, au prix d'environ 10 centimes la tonne par kilomètre.

Il en était, dès lors, du fret comme du prix du Froment à Odessa ; laissé à bon compte, quand la demande était faible, il augmentait rapidement dès que la demande devenait plus active, en variant, y compris l'assurance, les frais d'embarquement, le déchet et les avaries, de 2 jusqu'à 8 francs par hectolitre. Ajoutez à cela la différence de qualité, qu'un juge compétent, le regrettable M. Pommier, estimait à 2 fr. sur les bons Blés et à 4 fr. sur les autres, et vous aurez une donnée moins éloignée de la réalité.

Prenons le prix moyen de l'hectolitre de Froment sur les marchés d'Odessa durant ces dernières années ; il a été

de 14 fr. 50 pour l'année 1859
de 17 fr. 25 — 1860
de 16 fr. 88 — 1861
de 18 fr. 40 — 1862

Ce prix avait varié depuis le taux le plus bas, coté, en 1851, à 9 fr. 10, jusqu'à 26 fr., prix le plus élevé (en octobre 1856). En le calculant par périodes quinquennales, depuis 1839 jusqu'en 1853, il a été :

1839 à 1843, de 11 fr. 05
1843 à 1849, de 12 fr. 05
1849 à 1853, de 11 fr. 10

Le commerce extérieur d'Odessa a été suspendu en 1854 et 1855.

Le prix de 1856 à 1858 a été, en moyenne, de 18 fr. 96.

Voici, du reste, le compte exact d'un envoi fait, l'année dernière, par un propriétaire des provinces méridionales de la Russie ; sa terre est située à 80 kilomètres de Balta, tête du chemin de fer qui communique avec Odessa, sur une longueur de 162 kilomètres. Il a payé pour le transport de son Blé deux roubles par *tchetwert* (210 litres), et il l'a vendu à Odessa à raison de 9 roubles, ce qui met l'hectolitre à 14 fr. 20 c. (en tenant compte de la dépréciation considérable sur le rouble, qui, au lieu de 4 fr., ne valait que 3 fr. 28 c.)

Quant à l'abondance exceptionnelle de la production, il faut rabattre beaucoup sur les chiffres mis quelquefois en avant. Le propriétaire est satisfait quand une bonne terre lui donne au *morg* (3/5 d'un hectare) *six tchetwerts*, ce qui fait monter le rendement de l'hectare à 20 hectolitres 1/2. Mais qu'il vienne une sécheresse, et la récolte est perdue ; le retour d'une pareille calamité est assez fréquent pour peser beaucoup dans la balance.

Depuis l'émancipation des serfs en Russie et la concession des terres en toute propriété aux paysans de Pologne, la main-d'œuvre a considérablement renchéri. En 1859, M. Wolowski avait présenté à la commission d'enquête un relevé du prix de revient sur place, dans de bonnes conditions ; pour des terres bien situées en Pologne, ce prix était de 9 francs ; en y ajoutant 3 fr. de frais de transport et autant pour le fret, l'hectolitre envoyé en Angleterre revenait à 15 fr. Aujourd'hui les dépenses de production se sont de beaucoup accrues, la difficulté de se procurer les bras nécessaires à la culture est énorme. La semaine dernière, au marché de Varsovie, le Froment, de bonne qualité, valait au delà de 20 francs l'hectolitre.

La France, qui produit 100 millions d'hectolitres de Blé, peut-elle redouter, pour emprunter le langage de ceux qui envisagent cette perspective avec effroi, les envois de Blé russe ? On serait plutôt tenté de dire qu'elle a peu à espérer de ce côté.

Les exportations de Froments russes ont été, pour tous les ports de l'empire et à toute destination :

De 1834 à 1844,	en moyenne,	3 millions 1/2	d'hectolitres.
En 1845	—	5 — 1/2	—
1846	—	6,600,000	—
1847	—	12 millions 1/2	—
1848	—	7 —	—
1850 et 1851	—	5 — 1/2	—

Le chiffre le plus considérable de l'exportation russe de Froment a été celui de 1853, il s'est élevé jusqu'à 15 millions d'hectolitres ; en 1856, il est tombé à moins de 9 millions, et plus bas encore en 1857.

La France n'a jamais absorbé au delà du tiers des exportations de Blé russe. Plus nous avançons et plus notre puissance de production augmente, tandis que les besoins de la consommation intérieure s'accroissent en Russie.

Les conditions du travail changent complétement avec la diffusion de la propriété et les progrès de la civilisation. On fait miroiter de fausses données, pour montrer à quel prix avili le Blé peut revenir en Russie ; on oublie que la conséquence inévitable de l'émancipation des serfs est le renchérissement de la main-d'œuvre et la difficulté de se procurer les bras indispensables à la culture. Le nombre de ceux qui consomment sans produire augmente partout avec le développement de l'industrie. les excédants deviennent moins abondants, et beaucoup de pays qui jadis exportaient du Blé l'importent maintenant. D'ailleurs, les pays comme la France, où l'intelligence et le labeur des habitants sont portés si haut, n'ont rien à redouter d'un parallèle quelconque avec des contrées plus arriérées. Tant vaut l'homme, tant vaut la terre, et la parole de Montesquieu est toujours vraie: les États produisent moins en raison de la fertilité du sol qu'en raison de la liberté des habitants.

On ne saurait trop le redire, et les chiffres les plus récents sont là pour le prouver, loin d'agir en baisse pour les produits agricoles de la France, la liberté commerciale agit en hausse.

Pour justifier la proposition d'un exhaussement du droit d'entrée à 1 fr. 25, on a prétendu qu'en Angleterre, où ce droit est seulement de pareille somme par *quarter* (2 hectolitres 90 litres), l'importation est nécessaire d'une manière notable et permanente, tandis que, chez nous, l'exportation grandit ; nous n'avons donc pas les mêmes besoins. Sous ce rapport, il importe de faire une distinction : la France présente la plus grande production de Froment du monde, c'est vrai, et c'est un motif capital pour que le droit de douane soit pour elle chose à peu près insignifiante. Mais la région où l'importation s'opère présente la même insuffisance de récoltes que l'Angleterre.

Dans les dix départements du midi (Bouches-du-Rhône, Var, Hérault, Gard, Vaucluse, Hautes et Basses-Alpes, Ardèche, Drôme et Rhône), on compte 3,570,000 habitants, et il faut importer, d'ailleurs, autant d'hectolitres, en moyenne, par an. C'est un hectolitre par tête de Froment qu'il faut ajouter à la production locale, tandis que ce chiffre n'a jamais été atteint en Angleterre, où il se limite d'habitude à un demi-hectolitre par habitant.

La part fournie par l'importation étrangère n'a guère été au delà de la moitié du total nécessaire pour le commerce général; elle en a représenté seulement le quinzième pour le commerce spécial.

Une remarque essentielle permet de mesurer la faible influence des apports étrangers, car c'est dans le rayon de Marseille, sur lequel elle s'exerce directement, que le prix du Blé est toujours le plus élevé.

Enfin, en admettant, pour un moment, que le vœu de certains cultivateurs soit exaucé, et que des mesures sévères écartent le Blé étranger de notre marché, on le retrouvera sur le marché général du monde, où il viendra faire concurrence à nos exportations, rendues d'autant plus difficiles que le prix nominal du grain se sera plus élevé chez nous. Le péril qu'on dénonce n'aura fait que changer de forme, tant il est vrai que, par la force des choses, notre agriculture ne saurait tirer bénéfice d'aucune protection douanière.

Aussi M. de Lavergne a-t-il protesté contre toute pensée de restaurer le régime protecteur; il veut uniquement, dit-il, établir un droit fiscal, en faisant profiter le trésor d'une recette qui lui permettrait de dégrever d'autant les charges les plus lourdes pour l'agriculture. Il invoque, à l'appui de sa proposition, le principe de l'égalité devant l'impôt des produits créés à l'étranger, comme des produits français. Sans examiner, pour le moment, la question de savoir si cette prétendue égalité de charges peut être obtenue autrement que par un droit identique frappant tous les produits, et non en vertu d'un calcul hasardé, qui déduit un impôt hypothétique, attribué au produit, de la charge qui grève le sol, et en se plaçant sur le terrain même choisi par M. de Lavergne, on peut lui faire cette triple réponse :

1° Le droit d'un franc, qu'il réclame au lieu de celui de 50 centimes, est déjà acquitté de fait, car la presque généralité des Blés se trouve importée à Marseille, sous pavillon étranger, et par conséquent paye un droit à ce taux (1 fr. 20 c., avec le double décime par quintal, ce qui donne 96 centimes par hectolitre).

2° Le calcul à l'aide duquel M. de Lavergne établit l'équivalence du droit à 1 fr. par hectolitre doit être rectifié sur plusieurs points. La production agricole brute ne s'élèverait, suivant lui, qu'à 5 milliards, et la charge foncière serait de 250 millions avec les centimes additionnels; les céréales, représentant, à ce qu'il prétend, le tiers de la production agricole, supportent le tiers de la charge totale, soit plus de 80 millions de francs, ce qui correspond au nombre moyen d'hectolitres produits, déduction faite de la semence. Or la production agricole ne saurait être évaluée à moins de 8 milliards, en y comprenant, bien entendu, le bétail et les produits de la ferme. C'est un point essentiel que l'enquête agricole ne manquera pas de mettre en lumière. Quant à la charge de l'impôt foncier, elle s'élève, au projet de budget de 1869, à 170 millions en principal, et 134 millions en centimes additionnels; mais, sur le total de 304 millions, quand on fait la ventilation nécessaire entre le sol et la propriété bâtie, on arrive à établir que la part de la propriété rurale ne dépasse guère 200 millions. Au lieu de représenter le tiers du total de la production agricole, le Froment n'en représente que du quart au cinquième; il ne devrait donc, d'après le calcul proportionnel de M. de Lavergne, supporter qu'une cinquantaine de millions de la charge foncière, ce qui réduit celle-ci à moins de 60 centimes par hectolitre, c'est-à-dire au-dessous du droit acquitté par les Blés étrangers, décimes compris.

3° Le principal de l'impôt foncier est-il réellement acquitté par le propriétaire actuel? Cette question peut paraître hardie et soulever des réclamations de la part de ceux qui n'ont pas suffisamment réfléchi sur l'action de l'impôt direct, alors que celui-ci constitue une charge permanente ou qu'il tend même à diminuer. Le fait est que tout impôt de cette nature, qu'il frappe un immeuble ou un capital mobilier, se traduit en une diminution de la valeur du fonds, amoindrie du montant de l'impôt capitalisé; il opère une déduction sur cette valeur, mais il n'affecte en rien le revenu de celui auquel elle échoit par voie d'achat, de liquidation, de partage, etc. L'élévation et le prix se proportionnent toujours au produit net, et, du moment où le fonds change de main, celui qui vient à le détenir continue seulement à verser, sous forme d'impôt, l'intérêt de la somme qu'il a payée en moins, ou sous déduction de laquelle le fonds lui a été imputé. Soit dit en passant, cette observation bien simple suffit pour dissiper l'erreur de ceux qui se plaignent de ce que les capitalistes ne payent pas l'impôt : ils ne le payeront jamais, quel que soit le montant de la taxe imposée. Si une loi vient frapper le capital mobilier d'une charge directe et permanente, elle aura simplement pour effet d'attribuer au trésor une portion de la fortune mobilière, correspondante à l'impôt capitalisé; dès le lendemain, la valeur, ainsi atteinte dans les mains du possesseur, vaudra d'autant moins, mais le revenu se proportionnera, sur le pied du passé, à la valeur ainsi réduite, et celui qui viendra la recueillir par voie de vente, de succession, de partage, etc., ne payera point l'impôt, car il aura conservé entre ses mains la part correspondante du prix et il se bornera à en verser l'intérêt au trésor.

Le principal de l'impôt foncier, fixé à 240 millions par la constituante, a beaucoup été diminué dans notre siècle par voie de dégrèvements successifs ; malgré l'augmentation notable que donnent les constructions nouvelles, et qui se chiffre depuis longtemps par un accroissement moyen d'un million par an, la quotité de cette charge est descendue à 170 millions de francs. Toutes les propriétés ont plusieurs fois changé de mains, et toujours il a été tenu compte, en capital, au nouveau détenteur, de la charge foncière qu'il assumait. Il est permis de dire que l'équilibre est pleinement établi et qu'il n'a reçu de modification que dans un sens favorable au propriétaire qui a obtenu des dégrèvements successifs. Il ne faut donc pas compter le principal de l'impôt foncier dans la charge effective de la propriété.

Quant au chiffre variable des centimes additionnels, la position est différente, mais leur produit ne s'applique qu'aux dépenses locales; l'amélioration des chemins, l'instruction des habitants en profitent, et les pays dont on redoute les envois agricoles béniraient une redevance qui leur préparerait une pareille compensation.

La prétention d'imposer plus fortement l'introduction des Blés étrangers ne se justifie donc nullement par le calcul ; elle est condamnée par l'étude du passé et par les leçons irrécusables de l'histoire.

Depuis que la France existe, sous l'ancien régime, sous la révolution, sous le premier empire, et jusqu'en 1819, le principe fondamental, le principe constitutionnel du sol a été de ne frapper d'aucun droit le Blé étranger. *Libre entrée des céréales*, telle a été la règle éternellement suivie jusqu'au moment où la restauration a essayé d'une malheureuse importation du régime anglais de l'échelle mobile. Il y a plus; non-seulement personne n'aurait osé réclamer un droit destiné à renchérir la subsistance, mais une législation rigoureuse et imprévoyante agissait en sens contraire : elle violait le droit de propriété, en ne permettant pas la libre disposition des fruits de la terre; elle interdisait l'exportation du Blé, afin d'en avilir le prix, afin d'assurer au peuple la subsistance à bon marché. C'était une exigence aussi fausse que périlleuse pour l'alimentation du pays; empêcher l'exportation, créer un bon marché factice, opprimer le cultivateur, c'était faire restreindre les cultures et empêcher l'abondance. Le plus grand service rendu par les économistes, la plus belle gloire qu'ils aient acquise a été d'avoir combattu ce funeste système, d'avoir pris en main la cause du droit de propriété, qui se confond avec la liberté, dans son action la plus directe. Quesnay et son grand disciple Turgot ont démontré clairement les avantages du libre commerce des céréales; ils ont affranchi ce pays d'une triste et ruineuse servitude; ils ont détruit l'erreur, en affrontant le préjugé populaire. Demeurons fidèles à leur exemple et à leur doctrine; ne commettons point d'injustice à rebours; laissons le Blé entrer et sortir librement, car son commerce n'est pas entravé par le droit de balance perçu chez nous, comme en Angleterre, en Suisse, en Belgique, en Allemagne. Ne relevons pas ce droit, même d'une manière insignifiante, car ce serait créer un mauvais précédent, sans arriver à aucun résultat sérieux pour ceux qui se plaignent. Sans doute, tout n'est pas pour le mieux dans la situation agricole, mais on doit travailler à l'améliorer par d'autres voies : il ne faut pas accroître le mécontentement par une déception inévitable. Ne votons point un exhaussement de droit d'entrée contre lequel protestent tous les souvenirs de ce pays et tous les principes de justice et d'intérêt général.

Quant au régime des *acquits de mouture*, M. Wolowski dit qu'il a des doutes sur l'utilité de cet expédient. Les *acquits-à-caution* sont indispensables pour l'industrie, du moment où le droit qui frappe l'entrée des matières premières est quelque peu élevé. Il n'en est pas ainsi du droit sur le Blé, et la somme de nos exportations de farine, qui dépasse de beaucoup la quotité correspondante au Blé importé, prouve suffisamment que la mouture n'a pas besoin, chez nous, de cet avantage. Mais il y a quelque chose de singulier à voir attaquer cette mesure, qui ne cause de préjudice qu'au trésor, par ceux qui se présentent comme les défenseurs exclusifs de l'intérêt agricole; *l'acquit de mouture* se traduit, en effet, par une prime à l'exportation des farines. Ceux qui condamnent tout régime de *primes* sont dans leur rôle en ne défendant pas celle-là.

Quant aux avantages qu'on voudrait faire attribuer, par voie d'exception, à notre production agricole, il en est un, permanent, indestructible, qui tient à la proximité du lieu de consommation. Le transport d'une matière aussi encombrante et aussi lourde que le Blé entraînera toujours, pour les distances considérables, des frais qui établiront une différence notable des prix. C'est là un obstacle naturel, que les efforts de l'homme peuvent diminuer, mais non écarter. Quel que soit le renchérissement qui en provienne, personne ne saurait s'en plaindre, car il résulte de la force des choses. Il en serait autrement de tout renchérissement qui proviendrait de la volonté arbitraire du législateur; ici, pour parler comme notre vieux Montaigne : *le bien de l'un fait le mal de l'autre*, et les lois équitables ne doivent viser qu'à garantir le bien de tous. Faciliter les approvisionnements et procurer les subsistances à bon marché, tel doit être le but suprême, dont le développement du capital matériel et le développement des forces morales, par l'instruction et la culture de l'intelligence, par l'éveil donné à toutes les forces productives, nous rapprocheront de plus en plus, au bénéfice de tous et sans détriment pour personne. Le *prix* doit dépendre de l'influence libre du marché, et non de la contrainte de la loi.

L'Angleterre a donné au monde un grand exemple; elle a proclamé la libre entrée des céréales, alors que l'écart des prix, maintenu par une législation jalouse, était énorme au profit du cultivateur anglais, et avait contribué à élever le taux du fermage. Elle s'est mise énergiquement à l'œuvre, et une exploitation du sol plus active et plus intelligente lui a permis de prospérer sous l'empire de la concurrence étrangère; ses fermages n'ont pas baissé.

La position était autre chez nous en 1865 : la protection

acquise en vertu de l'échelle mobile était illusoire et périlleuse; elle n'empêchait point des baisses répétées et beaucoup plus fortes que celle qu'on signale aujourd'hui sur le Blé. Les écarts de prix entre le Blé français et le Blé étranger n'existaient que d'une manière transitoire, et le bienfait de la loi nouvelle a été surtout d'empêcher les brusques et trop larges oscillations en hausse et en baisse.

Ne compromettons point un résultat acquis, en reprenant des errements dont l'expérience a démontré l'inefficacité. Ce n'est pas le doublement du droit d'entrée qui pourrait profiter à l'agriculture : en l'adoptant on violerait en pure perte un principe de justice et de bonne administration publique.

M. de Lavergne —propose à la Société le projet de délibération suivant :

La Société centrale d'agriculture, renouvelant, en tant que de besoin, son vote du 27 avril 1859 pour la substitution d'un droit fixe aux droits variables de l'échelle mobile, émet le vœu :

« 1° Que le droit fixe de 50 centimes, établi par la loi du 15 juin 1861, soit porté à 1 fr. 25 c. par quintal métrique de Blé importé sous pavillon français (5 pour 100 de la valeur moyenne);

« 2° Que la faculté d'introduire des Blés en franchise de droits, à condition de les réexporter à l'état de farines, ne puisse s'exercer que pour les grains et farines qui entrent et sortent par le même port ou au moins par la même côte;

« 3° Que les produits agricoles étrangers de toute nature, tels que les autres céréales, les laines, les bestiaux, etc., soient également soumis, à leur entrée en France, à des droits spécifiques calculés sur le pied de 5 pour 100 de leur valeur moyenne;

« 4° Que la recette annuelle obtenue par la perception de ces droits soit consacrée à réduire d'autant les impôts qui pèsent le plus sur l'agriculture nationale. »

M. de Lavergne fait remarquer que, par cette proposition,

il se place entre deux camps opposés qui font feu l'un sur l'autre, et qu'il s'expose ainsi à recevoir des coups des deux côtés ; il ne s'en plaint pas, car, s'il a des adversaires dans les deux camps, il y a aussi des auxiliaires, ce qui rend sa position moins difficile.

On peut faire et on fait à sa proposition deux sortes d'objections : les uns trouvent le droit qu'il propose trop faible, les autres le trouvent trop fort.

Il s'attendait à rencontrer principalement, dans la Société, des défenseurs de la première opinion, et c'est pour leur répondre d'avance qu'il avait fait ses communications sur l'importation et l'exportation des produits agricoles en 1865; mais, à son grand étonnement, cette opinion s'est très-peu produite dans la discussion ; elle n'a eu, à proprement parler, qu'un organe, M. le marquis de Vogüé; encore M. de Vogüé a-t-il déclaré, avec une parfaite courtoisie, qu'il se rallierait volontiers au droit fixe de 1 fr. 25.

M. de Lavergne ne dira donc que peu de mots sur cette première partie; MM. de Kergorlay, Lecouteux et Wolowski ont fort abrégé sa tâche en répondant pour lui.

Il veut seulement faire remarquer, à l'appui de ce que vient de dire M. Wolowski, que le mois de décembre 1865, qui n'était pas compris dans les tableaux déjà présentés, prouve la réduction progressive de l'importation et l'extension constante de l'exportation des grains et farines.

Il n'est entré, dans le mois de décembre 1865, que 97,000 quintaux métriques de grains et 2,000 quintaux métriques de farines, valant ensemble 2 millions de francs, et il est sorti 400,000 quintaux métriques de grains et 480,000 quintaux métriques de farines, valant ensemble 24,500,000 francs. L'exportation a donc été plus que décuple de l'importation.

Il ne reviendra pas sur les diverses raisons qui prouvent que la crainte d'une importation indéfinie est chimérique, surtout en temps d'abondance et de bon marché ; on les a, avant lui, suffisamment rappelées.

Il n'a qu'un mot à ajouter, c'est que ceux qui proposent un droit protecteur retombent, qu'ils le veuillent ou non, dans tous les embarras et tous les mensonges de l'échelle mobile dont la loi de 1861 a délivré l'agriculture.

M. de Vogüé propose un droit fixe de 3 francs par hectolitre, ce qui revient à 3 fr. 75 par quintal métrique, et, avec le double décime, à 4 fr. 50 ; mais croit-il qu'un pareil droit puisse être réellement *fixe?* ne voit-il pas que le gouvernement ne manquera pas de le supprimer au premier symptôme de hausse?

Laissera-t-il au gouvernement le droit de le supprimer arbitrairement, ou bien fixera-t-il un prix à l'intérieur qui rendra la suppression de plein droit? mais, alors, quel sera ce prix? comment le constater? sera-t-il le même pour le Nord et pour le Midi? c'est l'échelle mobile qui reparaît tout entière.

M. de Vogüé va plus loin ; il va jusqu'à reconnaître au gouvernement le droit et presque le devoir de prohiber, en temps de cherté, l'exportation des céréales ; c'est là une concession qui est imposée par la logique, quand on demande un droit protecteur à l'importation, mais qui n'en est pas moins fâcheuse.

Voilà cent ans, comme l'a rappelé avec juste raison M. Wolowski, que les économistes combattent pour obtenir la libre exportation des grains, et c'est au moment où la loi de 1861 a consacré enfin cette liberté, que l'agriculture y renoncerait bénévolement !

Quand la loi de 1861 a été proposée, le gouvernement s'était réservé le droit d'interdire à volonté l'exportation des céréales ; des réclamations se sont élevées, M. de Lavergne lui-même a combattu, pour sa faible part, contre cette latitude, et la loi de 1861, telle qu'elle a été votée, a fini par la faire disparaître.

Sans doute il n'est pas absolument impossible que, dans un moment d'extrême agitation, le gouvernement se croie dans la nécessité d'accorder aux préjugés populaires la funeste concession de l'interdiction d'exportation; mais c'est là une extrémité déplorable qu'il faut bien se garder de prévoir d'avance et d'inscrire dans la loi.

L'interdiction d'exportation n'a pas plus de raison d'être en temps de cherté que l'interdiction d'importation en temps de bon marché; dans l'un et l'autre cas, l'exportation et l'importation se réduisent d'elles-mêmes par le seul effet de l'état des prix à l'intérieur.

Permettre au gouvernement d'intervenir arbitrairement, c'est lui permettre de tout bouleverser sans nécessité, de donner, dans l'un et l'autre cas, le signal de la panique, de rendre tout commerce difficile par l'incertitude de la législation.

La liberté d'exportation est le corollaire de la liberté d'importation; il faut les garder avec soin toutes deux et renoncer à tout ordre d'idées qui y porte une atteinte quelconque, dans une pensée de protection qui ne tarde pas à produire des effets contraires à ceux qu'on en attend.

M. de Lavergne va maintenant répondre à l'objection inverse qui a rencontré, dans la Société, de nombreux et éloquents organes.

D'après MM. de Kergorlay, Lecouteux et Wolowski, le droit fixe de 1 fr. 25 est trop fort; il vaut mieux s'en tenir au droit de 50 centimes établi par la loi de 1861, et même, d'après M. de Kergorlay, il vaudrait mieux qu'il n'y eût aucun droit perçu à l'entrée des Blés étrangers.

M. de Lavergne a peine à en croire ses oreilles quand il entend prendre contre lui la défense de la liberté commerciale; il n'a pas besoin de faire ses preuves à cet égard, tout le monde sait qu'il est un libre échangiste de la veille, et la Société elle-même peut se rappeler que c'est lui qui a pris, dans son sein, en 1859, l'initiative de la campagne contre l'échelle mobile et la protection agricole.

Seulement, en sa qualité de vétéran de cette cause, il ne se croit pas obligé de montrer une ferveur de nouveau converti; il y a des gens qui étaient autrefois ardents protectionnistes, et qui sont aujourd'hui libres échangistes à outrance; il n'est pas du nombre.

Selon lui, l'exagération perd les meilleures causes, et c'est une exagération évidente que de vouloir réduire outre mesure ou supprimer complétement tout droit perçu à l'entrée des produits agricoles étrangers.

Est-il vrai qu'il ait changé d'avis depuis qu'il soutenait, dans la Société, le principe de la liberté commerciale? Il est facile de démontrer, au contraire, qu'il demande exactement aujourd'hui ce qu'il demandait alors, ni plus ni moins, dans les mêmes termes et par les mêmes raisons; on peut l'accuser de rabâchage et d'entêtement, on ne peut pas l'accuser d'avoir changé.

Quelle est la proposition qu'il a faite à la Société en 1859 ? En voici le texte : « Que la législation de l'échelle mobile soit définitivement supprimée et remplacée par le régime suivant : liberté d'importation en tout temps, *moyennant un droit fixe de* 1 *fr.* 25 *par quintal métrique de grains;* liberté d'exportation en tout temps, etc. »

A l'appui de cette proposition, il donnait, d'après le procès-verbal, les raisons suivantes : « Si M. de Lavergne propose un droit fixe à l'importation, ce n'est pas qu'il le considère comme protecteur; il ne l'est pas plus, suivant lui, que l'échelle mobile; il le propose uniquement comme *droit fiscal.* Les Blés indigènes sont soumis à des impôts; il n'y a donc pas de motif pour ne pas imposer les Blés étrangers, car il faut des revenus à l'État. »

Lorsqu'il fut appelé à déposer dans l'enquête devant le conseil d'État, il y fit exactement la même proposition et y tint le même langage.

Enfin, en 1861, quand la loi était présentée au corps législatif, avec le droit actuel de 50 centimes, voici ce qu'il disait dans la *Revue des Deux-Mondes* du 15 avril :

« Ce droit devrait, selon nous, être au moins doublé *pour représenter la contribution du Blé étranger aux frais de notre organisation nationale.* Depuis la lettre impériale du 5 janvier 1860, le gouvernement fait une guerre à mort aux droits de douane ; 100 millions de recettes annuelles ont ainsi disparu du budget, ce serait un bien si 100 millions de dépenses avaient disparu en même temps ; mais, comme les dépenses ne font que s'accroître au lieu de diminuer, ces 100 millions et bien d'autres encore n'ont fait que changer de forme. Ce que payent en moins les produits étrangers, les produits français doivent le payer en plus. Nous ne comprenons pas, quoique partisan très-déclaré de la liberté commerciale, cette *faveur* accordée aux produits étrangers aux dépens des nôtres. Qu'on efface jusqu'aux dernières traces du système protecteur, rien de mieux ; mais il est bon de maintenir les perceptions fiscales qui ont pour but de répartir le fardeau de l'impôt. Décharger la douane pour charger à l'intérieur les contributions, c'est sortir de la justice et de l'égalité, c'est faire de la *protection à rebours.* En même temps qu'on réduit à 50 centimes le droit sur le Froment et sur le Méteil, on affranchit de tous droits le Seigle, le Maïs, l'Orge, le Sarrasin et l'Avoine. Cette disposition n'a que peu d'importance, car il entre très-peu de ces grains. Il n'y a donc ici aucun intérêt de protection. Il nous paraît seulement contraire aux principes d'une bonne administration de laisser entrer en France une denrée quelconque sans payer de droits. »

M. de Lavergne était-il le seul à parler ainsi? Qu'on relise l'enquête, et on y verra, par exemple, un économiste éminent, fort connu par son attachement à la liberté commerciale, et qui a rempli les plus hautes fonctions de l'État, M. Hippolyte Passy, se prononcer aussi pour un droit fixe de 1 franc par hectolitre.

Il y a plus : lorsque M. le conseiller d'État Cornudet prononça, devant le conseil d'État assemblé sous la présidence de l'Empereur, le rapport mémorable qui a décidé l'abandon de l'échelle mobile et l'adoption de la liberté commerciale en matière de céréales, il se déclara pour le même droit et par les mêmes raisons.

Toutes les autres propositions du rapport de M. Cornudet ont été adoptées par la loi de 1861 ; il n'a été fait d'exception que pour la quotité du droit.

La Société elle-même s'est prononcée pour le principe d'un droit fixe. — Reportez-vous au procès-verbal de la séance du 27 avril 1859, et vous verrez que ce qui a été mis aux voix et ce qui l'a emporté à 24 voix contre 11, c'est la substitution d'un droit fixe à un droit variable.

Quand M. de Kergorlay soutient aujourd'hui la suppression de toute espèce de droit, il demande à la Société de se déjuger.

Enfin la loi de 1861 pose à son tour le principe du droit fixe; ceux qui l'ont faite ont donc cru ce droit légitime et nécessaire, quotité à part; il est même à remarquer, comme le disait tout à l'heure M. Wolowski, qu'elle a établi à peu près pour le Blé importé sous pavillon étranger le droit que nous réclamons; toute la question qui se débat se réduit donc à savoir si l'on appliquera au pavillon français le régime établi par la loi de 1861 pour le pavillon étranger.

Hé bien, demandons-nous ce qu'on a voulu faire quand on a établi un droit fixe, quelle est la nature, la théorie de ce droit.

Est-ce un droit protecteur? non, certes; tout le système de la loi de 1861 proteste contre cette qualification; c'est donc et ce ne peut être qu'un droit fiscal. Vous voyez que nous nous rapprochons beaucoup.

Tout ce qu'on peut dire contre un droit fiscal, on peut le dire contre le droit inscrit dans la loi de 1861, car c'est un droit fiscal; ce ne peut pas être autre chose.

Or quelle peut être la raison d'un droit fiscal? je n'en vois qu'une, absolument qu'une; c'est de faire payer au Blé étranger, à son entrée en France, l'équivalent de l'impôt payé par le Blé français.

Hors de ce principe, il n'y a qu'arbitraire et inconséquence. Pourquoi 50 centimes? pourquoi pas 1 fr., 1 fr. 50, 2 fr., 2 fr. 50, etc.?

Il faut une règle, et cette règle est fort simple; tout droit ***supérieur*** à l'impôt payé par le Blé français est une protection en faveur du Blé français, et nous n'en voulons pas; tout droit ***inférieur*** à l'impôt payé par le Blé français est une protection en faveur du Blé étranger, et nous n'en voulons pas davantage.

Ce que nous voulons, c'est la justice et l'égalité; telle est la seule théorie possible du droit fiscal.

Or, en recherchant quels sont les impôts payés par l'agriculture française, nous trouvons qu'elle paye 250 millions d'impôts pour 5 milliards de produits; c'est un impôt de 5 p. 100 sur l'ensemble de ces produits.

Voici les bases du calcul qui a donné ce résultat :

M. de Lavergne prend d'abord le total de l'impôt foncier en principal et centimes, il en retranche trois huitièmes pour représenter la part de la propriété urbaine, et il arrive ainsi à un excédant de 190 millions; à ce chiffre il ajoute la moitié de l'impôt sur les portes et fenêtres, dont M. Wolowski n'a pas tenu compte et qui donne 20 millions, et la totalité des prestations en nature pour les chemins vicinaux, évaluées 40 millions; total, 250 millions. Il ne fait entrer dans son compte ni l'impôt sur les patentes ni l'impôt personnel et mobilier.

Sur le second point, il n'ignore pas que la statistique publiée en 1860 évalue les produits de l'agriculture française à 8 milliards 350 millions, mais il y a plus de 3 milliards à retrancher de ce chiffre pour représenter les doubles emplois. La statistique compte, en effet, dans les produits :

1° Les semences des céréales qui ne sont pas un produit, puisque la terre ne les rend qu'après les avoir reçues, et qui peuvent être évaluées à. . . . . 400 millions.

2° Les pailles qui restent dans la ferme, sauf un très-petit nombre d'exceptions, et qui servent à faire du fumier ou à nourrir les animaux. . . . . 600 —

A reporter. . . . . 1,000 millions.

Report. . . .	1,000 millions.
3° Les fourrages qui font double emploi avec le revenu des animaux domestiques, et que la statistique estime.	700 —
4° La partie de l'Avoine, des autres grains et des racines, qui sert à nourrir les chevaux et les autres animaux.	450 —
5° La portion du revenu des animaux domestiques représentative du travail de l'agriculture, et qu'on évalue à.	1,200 —
Total des réductions. . . .	3,350 millions.

D'où il suit que le véritable chiffre est de 5 milliards, et que, par conséquent, l'agriculture paye 5 p. 100 de ses produits.

Ces 5 milliards se divisent ainsi qu'il suit, en nombres ronds :

Céréales.	2 milliards.
Vins.	500 millions.
Cultures diverses. . .	1 milliard.
Produits animaux. .	1,500 millions.
Total. . . .	5 milliards.

Le Froment proprement dit y figure pour 1,700 millions, ou le tiers du produit total (85 millions d'hectolitres à 20 francs), semence déduite. Il paye donc 1 fr. par hectolitre d'impôt ou 1 fr. 25 par quintal métrique.

Voilà pourquoi M. de Lavergne a demandé et demande encore le même impôt sur le Blé étranger. S'il n'a jamais varié sur le chiffre, c'est que ce chiffre est pour lui la conséquence d'un principe.

Si on lui prouve que l'agriculture française paye moins, il est prêt à réduire son droit en proportion ; si on lui prouve que l'agriculture française paye plus, il est prêt à l'élever; il ne tient qu'au principe de l'égalité, sans aucun mélange de protection, ni dans un sens ni dans l'autre.

En entrant et en circulant en France, le Blé étranger profite de nos ports, de nos routes, de nos canaux, de nos chemins de fer, de la sécurité que donne notre organisation militaire, judiciaire et administrative; il doit payer sa part de ces frais.

Quant à la question générale des douanes, on n'aurait pas de peine à montrer que les plus grandes autorités économiques se sont prononcées pour les droits fiscaux. C'était en France, pour ne parler que des morts, l'opinion de Bastiat et de Rossi; c'était en Angleterre l'opinion de Cobden et de sir Robert Peel. Le gouvernement anglais l'a mise en pratique, car il tire de ses douanes un revenu d'autant plus grand, que la liberté du commerce est plus entière, et sur les céréales en particulier, les droits de douane rapportent 15 millions par an, que le chancelier de l'échiquier trouve fort bons à prendre.

On ne peut pas citer en France, en matière de libre échange, de plus grande autorité que la fameuse association pour la liberté des échanges, qui fit tant de bruit il y a vingt ans; or voici un extrait de la déclaration de principes de cette association en date du 10 mai 1846:

« Il est évident que la douane peut être appliquée à deux objets fort différents, si différents, que presque toujours ils se contrarient l'un l'autre. Napoléon a dit: *La douane ne doit pas être un instrument fiscal, mais un instrument de protection.* Renversez la phrase, et vous aurez tout notre programme. Ce qui caractérise le droit protecteur, c'est qu'il a pour mission d'empêcher l'échange entre le produit national et le produit étranger; ce qui caractérise le droit fiscal, c'est qu'il n'a d'existence que par cet échange. Moins le produit étranger entre, plus le droit protecteur atteint son but; plus le produit étranger entre, plus le droit fiscal atteint le sien. »

On peut ajouter à cette définition qu'un droit protecteur ayant pour but d'élever les prix doit disparaître quand les prix s'élèvent au delà d'une certaine mesure, tandis qu'un droit fiscal, ayant pour but de donner des recettes à l'État, doit être maintenu comme tous les impôts, tant que les besoins de l'État ne changent pas.

Il est donc parfaitement conforme aux principes du libre échange d'établir sur le Blé étranger l'équivalent de l'impôt perçu sur le Blé français.

« Mais, dit-on, ce que vous demandez est insignifiant et n'aura aucun effet; il ne vaut pas la peine de modifier pour si peu une loi qui n'a pas quatre ans de durée, et dont vous acceptez vous-même les autres dispositions. »

M. de Lavergne répond que, quand même sa proposition ne devrait avoir aucun effet pratique, il faudrait encore l'accepter. N'est-ce donc rien que la justice ? et, quand on a eu le malheur d'en sortir, ne doit-on pas être pressé d'y rentrer ? Il aurait sans doute mieux valu que la loi de 1861 contînt le seul droit équitable; si elle ne l'a pas fait, ce n'est pas la faute de ceux qui l'ont réclamé alors.

Mais ce n'est pas tout, et l'adoption de cette proposition a plus d'importance pratique qu'on ne dit.

Sans doute, en temps de bon marché comme aujourd'hui, le droit quel qu'il soit, qu'il soit de 1 fr. ou de 3 fr., qu'il soit même de 10 fr., si l'on veut, ne peut avoir aucun effet sur les prix à l'intérieur; ce n'est pas une introduction de 1 ou 2 millions de quintaux métriques de plus ou de moins qui peut agir sur les prix.

Mais il n'en est pas de même quand les prix montent, et que, par conséquent, l'importation s'accroît; alors le droit fixe a un véritable effet. Si, par exemple, le droit de 1 fr. 25 avait été perçu en 1861, il aurait modéré l'introduction excessive qui a eu lieu cette année-là, et dont les conséquences pèsent encore sur les cours.

Tout le monde sait, d'ailleurs, qu'il y a une grande différence, pour la production du Blé, entre les deux moitiés du territoire national. La moyenne de rendement pour toute la France est de 14 hectolitres par hectare; mais dans le Nord cette moyenne monte à 16 ou 18, et dans le Midi elle descend à 10 ou 12. De plus, le Midi est privé, par son climat, de la plupart de ces cultures annexes qui viennent, dans le Nord, s'ajouter à la production du Blé et en diminuer le prix de revient.

De là ce fait ancien que le Blé est habituellement plus cher dans le Midi que dans le Nord; producteurs et consommateurs sont habitués de longue main à cette cherté relative, et toute l'organisation des intérêts repose sur cette base.

Or le Midi est maintenant menacé et même atteint dans ses prix par la concurrence des Blés du Centre et de l'Est qui lui arrivent avec une abondance croissante par les nouveaux moyens de communication, et c'est encore lui qui reçoit tout le choc des Blés étrangers.

Un droit fixe, qui n'aura aucun effet sur les neuf dixièmes du territoire national, parce qu'il se perdra dans l'immensité, en aura un sur les huit ou dix départements qui entourent Marseille, et contribuera à y maintenir les cours.

Tant il est vrai que, lorsqu'on s'appuie sur un principe juste, il en sort naturellement une foule de conséquences heureuses qu'on ne prévoyait pas d'abord !

L'application de ce principe va plus loin encore, et en l'adoptant vous vous ouvrez une voie féconde.

Le Blé n'est pas le seul produit étranger qui soit *protégé* par notre système actuel des douanes; tous les produits agricoles étrangers le sont plus ou moins, et en réclamant sur le Blé un droit de 5 p. 100, vous réclamez, par ce seul fait, un droit semblable sur les autres produits, car les raisons sont les mêmes.

Avec un droit de 1 fr. 25 par quintal métrique porté à 1 fr. 50 par l'addition du double décime, le trésor aurait perçu, en 1865, 3 millions de francs sur le Blé.

Les autres céréales étrangères, le Seigle, l'Orge, le Maïs, l'Avoine, sont encore plus *protégées* contre les nôtres, puisqu'elles entrent légalement en franchise absolue : en les soumettant à un droit de 5 p. 100, on aurait sur ce nouveau chef une recette de 400,000 fr.

Les bestiaux avaient autrefois à payer des droits protecteurs énormes; aujourd'hui ils ne payent plus que des droits nominaux : en les soumettant à un droit de 5 p. 100, on ferait encore de ce chef une recette de 4 millions.

On avait, autrefois, frappé les laines d'un droit protecteur de 30 p. 100; aujourd'hui elles entrent en franchise de droits, c'est un autre excès : en les soumettant à un droit de 5 p. 100, on aurait une nouvelle recette de 12 millions 500,000 fr., car il en entre pour 250 millions.

Voilà donc, pour ces quatre articles, une recette de 20 millions. En ajoutant les autres produits agricoles étrangers, on arriverait à une trentaine de millions. Vous voyez que ce n'est pas si insignifiant.

Maintenant, que fera-t-on de ces 30 millions? M. de Lavergne n'entend pas les donner au fisc, il propose de demander qu'ils soient consacrés à réduire d'autant les impôts qui pèsent le plus sur l'agriculture nationale, en sus de l'impôt foncier. Deux impôts, surtout, peuvent être considérés comme excessifs, l'impôt sur les boissons et l'impôt sur les mutations.

M. de Lavergne n'indique point de choix; il se contente de dire que, soit pour l'un, soit pour l'autre, ces 30 millions, en se combinant avec quelques économies, peuvent fournir les moyens de les modifier profondément, et peut-être de les réduire de 50 p. 100.

Il aurait terminé ce qu'il veut dire pour le moment, car l'heure avancée le presse, s'il n'avait à répondre à deux thèses soutenues par MM. de Kergorlay et Wolowski.

M. de Kergorlay a beaucoup insisté sur le développement du commerce extérieur de la France depuis 1861, et il a présenté le progrès de nos importations et de nos exportations, depuis cinq ans, comme un signe certain de la prospérité générale.

M. de Lavergne ne saurait partager cet optimisme absolu; il y a importations et importations, exportations et exportations, comme il y a fagots et fagots; les unes sont un signe de prospérité, les autres sont une marque du contraire : il faut savoir les distinguer. Cela ne fait rien à la question de liberté; car, en tout état de cause, la liberté des ventes et des achats est un bien.

Quand on compare le total des importations en 1861 et 1865, on trouve qu'elles se sont accrues, dans ces cinq ans, de 340 millions. Cet accroissement a porté tout entier sur trois articles : la soie, la laine et le coton.

Il est entré, en 1865, pour 113 millions de soie brute de plus qu'en 1861. Étant donnée la situation intérieure de la production, il est fort heureux que ce supplément d'importation ait eu lieu, car à la catastrophe agricole serait venue s'ajouter une catastrophe industrielle. Mais la cause première de cette grande introduction, nous ne pouvons que la déplorer, c'est la ruine presque complète de la soie indigène. Si puissante qu'elle ait pu être, l'importation n'a pas encore rempli le déficit, car elle ne s'est accrue, en cinq ans, que de 800,000 kilog., tandis que la perte sur la soie française dépasse 2 millions de kilog. Nos fabriques de soieries ont finalement subi une réduction de matières premières d'un tiers ou d'un quart.

Il est entré, en 1865, pour 85 millions de laines brutes de plus qu'en 1861. Ici nous ne pouvons rien affirmer, car les documents précis nous manquent; mais, s'il est vrai, comme l'indiquent les chiffres de la statistique, que la production de la laine ait diminué en France, ce surcroît d'importation ne peut être considéré comme un signe de prospérité, soit pour l'agriculture, soit pour l'industrie lainière. Si nous n'avions plus de moutons du tout, nous importerions encore plus de laines; en serions-nous plus avancés ?

Il est entré, en 1865, pour 141 millions de coton de plus qu'en 1861. Voilà le gros chiffre, celui qui semble indiquer le plus grand progrès; mais, malheureusement, ce n'est qu'une apparence. Il faut distinguer entre la quantité et le prix. Quand on recherche la quantité, on trouve qu'il est entré, en 1865, un tiers de coton de moins qu'en 1861 ; ce qui s'est accru, c'est le prix, qui a plus que doublé. Ainsi notre industrie cotonnière n'a pu travailler que sur un tiers de coton de moins, et elle l'a payé deux fois plus cher, sans parler de la qualité qui est devenue plus mauvaise. Il est impossible de voir là, pour elle, un signe de prospérité.

Des observations du même genre peuvent s'appliquer aux exportations. M. de Lavergne se bornera à parler des produits agricoles.

Il est le premier, on le sait, à signaler le progrès de l'exportation comme une atténuation de la crise actuelle de l'agriculture, mais il ne croit pas que cette exportation soit le signe d'un état prospère à l'intérieur. Étant donné le bas prix des Blés, il vaut mieux qu'ils sortent, le marché est allégé d'autant; mais il vaudrait mieux que ces Blés, qui vont nourrir les Anglais, les Belges, les Allemands, servissent à nourrir des Français. La consommation intérieure d'abord, et, à son défaut seulement, la consommation étrangère.

Si nous consommions encore moins de Froment, nous en exporterions davantage; en serions-nous plus heureux?

Quand un commerçant, qui voit ses magasins pleins et ses clients lui échapper, se résout à vendre à perte, pour satisfaire à ses engagements, il *exporte* aussi beaucoup plus qu'à l'ordinaire, et il a raison d'avoir recours à ce moyen, car mieux vaut vendre à perte que ne pas vendre du tout; mais on peut douter qu'il considère cette extrémité comme un grand bonheur.

M. de Lavergne ne veut pas dire que toutes les importations et toutes les exportations aient le même caractère; il s'élève seulement contre la théorie absolue de M. de Kergorlay. Le progrès de l'importation et de l'exportation est, en général, un bon signe, mais ce n'est pas un signe infaillible.

De son côté, M. Wolowski a soulevé une question fort délicate, il a parlé de la propriété rurale, comme si elle avait tort de se plaindre. Si la condition de la propriété rurale est si bonne, d'où vient que tout le monde veut en sortir?

On n'entend, de tous côtés, que des propriétaires qui se plaignent d'avoir leur fortune en terres, et qui regrettent de n'avoir pas, à la place, des fonds publics ou d'autres valeurs. La plupart d'entre eux voudraient vendre, et, s'ils ne vendent pas davantage, c'est qu'ils ne trouvent pas d'acheteurs. Tout le monde se porte vers les placements plus lucratifs, et délaisse le sol.

Un père de famille est mort, il y a une quinzaine d'années, laissant deux propriétés estimées chacune 500,000 fr., une terre, et une maison à Paris. L'un des deux fils a pris la terre, l'autre la maison; le revenu du premier est aujourd'hui diminué, car il n'a pu renouveler ses baux qu'à perte, tandis que le revenu de l'autre a doublé.

Quelle est la cause de cette différence? Est-ce une supériorité d'administration qui la rende légitime? ou ne serait-ce pas plutôt l'effet d'une *protection* qui s'exerce au profit des villes en général, et de Paris en particulier, aux dépens de la propriété rurale? C'est ce que les propriétaires ruraux feront bien d'examiner dans l'enquête.

De même pour les valeurs mobilières. Nous avons vu des entreprises doubler, tripler, quadrupler rapidement le capital de leurs actionnaires. Si c'est un effet de leur excellente administration, rien de plus juste; mais si, par hasard, il se trouvait que ces entreprises fussent *protégées* aux dépens du public, les choses changeraient de face. C'est encore ce qu'on fera bien d'examiner.

Dans tous les cas, ce qu'on ne peut contester, c'est que la propriété mobilière, en général, ne soit *protégée* contre la propriété immobilière par un droit de mutation énorme qui accable l'une et épargne l'autre.

Voilà pourquoi M. de Lavergne se permet de dire aux agriculteurs : « Renoncez, en ce qui vous concerne, à toute espèce de protection; la protection agricole est impossible, elle n'a jamais existé, elle n'est et ne peut être qu'un leurre, comme vient de le dire M. Wolowski. Gardez-vous de vous y laisser prendre; mais, en revanche, poursuivez la *protection* partout où elle est; cherchez-la, découvrez-la sans pitié, et vous serez étonnés vous-mêmes des résultats que vous obtiendrez, car tout le monde est *protégé* contre vous, même l'étranger, et vous ne l'êtes contre personne. »

M. de Lavergne croit avoir prouvé que l'élévation modérée du droit fixe est l'application rigoureuse des principes de liberté et d'égalité. Quand même cette démonstration ne serait pas complète, quand même ce qu'il demande ne serait qu'une concession aux plaintes de l'agriculture, son avis serait encore qu'il faudrait la faire. Quand l'agriculture attribue ses souffrances à la loi de 1861, elle se trompe; mais, quand elle dit qu'elle souffre, elle ne se trompe pas. Quand même son mal ne serait qu'un mal d'imagination, il serait bien dur et bien imprudent de lui refuser tout; on ne ferait qu'accroître l'agitation au lieu de la calmer.

La Société centrale d'agriculture a donné, en 1859, le signal du mouvement d'opinion, qui a fini par débarrasser l'agriculture de la fausse protection de l'échelle mobile; elle donnera, aujourd'hui, un nouvel exemple; elle fera cesser les querelles qui nous divisent, en réunissant dans un vote commun les partisans de la protection et ceux de la liberté.

M. de Lavergne,—pressé par l'heure avancée, n'a pas terminé, dans la dernière séance, ce qu'il avait à dire ; il lui reste à parler de l'importation des Blés étrangers en franchise de droits sous condition de réexportation à l'état de farines.

Suivant lui, cette latitude peut s'expliquer quand ce sont les mêmes Blés qui entrent à l'état de grains et qui sortent à l'état de farines ; mais ce n'est pas du tout l'état actuel des choses : ce qui devait être l'exception est devenu la règle, et, par l'extension donnée abusivement au principe, le droit fixe établi par la loi du 15 juin 1861 est devenu tout à fait illusoire.

Sur 2 millions de quintaux de Blé introduits en 1865,

44,000 seulement ont acquitté le droit, 1,956,000 sont entrés en franchise, sous prétexte de réexportation. Est-ce là ce que la Société a voulu quand elle a demandé un droit fixe ? est-ce là ce qu'a voulu la loi elle-même quand elle a établi ce droit ?

De deux choses l'une : ou on veut conserver le droit fixe, et alors il faut exécuter la loi et abolir le trafic des *acquits-à-caution*, qui permet de l'éluder si ouvertement, ou on veut supprimer le droit fixe, et alors il faut changer le texte de la loi.

Les Blés qui entrent à Marseille sont aujourd'hui compensés par des farines qui sortent à Dunkerque ; bien évidemment les farines qui sortent au nord ne sont pas fabriquées avec les Blés qui entrent au midi ; ce ne sont pas les mêmes Blés qui ont traversé la France pour aller se faire moudre à l'extrémité opposée.

Voilà encore une *protection* qui s'exerce en faveur de la farine exportée, c'est-à-dire en faveur du consommateur étranger ; nos farines n'en ont pas besoin, car il en sort plus qu'il n'entre de Blé, et on peut, sans inconvénient, supprimer un abus dont profitent seulement un petit nombre de spéculateurs.

Quand les Blés entrent et sortent par le même port, il y a plus de chances pour que ce soient réellement les mêmes qui entrent en grains et qui sortent après mouture ; voilà pourquoi il paraît raisonnable de réduire à ce cas l'introduction en franchise.

C'est un simple décret d'août 1861, qui a modifié, à cet égard, les lois existantes ; avant ce décret la faculté de l'admission temporaire ne s'exerçait que dans chaque zone ; un autre décret suffirait pour défaire ce qu'un décret a fait.

M. de Lavergne saisit cette occasion pour répondre à deux questions qu'on lui a faites depuis la dernière séance.

On lui a demandé pourquoi il n'avait indiqué aucun chiffre pour le Blé importé sous pavillon étranger. D'après la loi de 1861, le droit sur les Blés étrangers est de 50 centimes sous

de sorte que le droit varie en sens inverse du besoin; c'est le contraire de l'échelle mobile, qui baissait quand le prix montait et qui montait quand le prix baissait, ce qui est plus rationnel, du moins en théorie. Cet inconvénient capital a été, autrefois, fort sensible pour les laines, quand elles étaient soumises à un droit *ad valorem*.

Les droits spécifiques sont d'une perception beaucoup plus simple ; on calcule une première fois quelle est la valeur moyenne d'une denrée, et on met sur cette denrée un droit qui ne varie pas. Qu'on estime, par exemple, les bœufs qui entrent en France à **300** fr. en moyenne, le droit sera sur le pied de **5** pour **100** ou **15** fr. par tête, que les bœufs qui se présentent soient au-dessus ou au-dessous de cette valeur.

Ces droits fixes ont, d'ailleurs, cet avantage que leur proportion varie, suivant les prix, dans un sens contraire à celui des droits *ad valorem*. Par exemple, en adoptant pour le Blé le droit fixe d'un franc par hectolitre, ce droit est du quinzième du prix quand le Blé est à 15 fr., et, quand le Blé monte à 30 fr., il n'est plus que du trentième. Ce qu'on avait voulu obtenir par le mécanisme compliqué de l'échelle mobile s'obtient naturellement.

M. Gareau—a voté la loi de **1861** avec une certaine inquiétude, qui s'est trouvée justifiée du moment où un décret, en autorisant l'admission temporaire des Blés étrangers, pour la mouture, à charge de réexportation, est venu modifier complétement les effets de la loi, en maintenant les bas prix. L'échelle mobile n'empêchait ni la hausse ni la baisse, et les consommateurs pouvaient reprocher aux producteurs de profiter des hauts prix ; mais sous le régime actuel il n'y a plus de hauts prix possibles, et les cours sont constamment dépréciés par l'abondance des importations.

De plus, les tableaux insérés récemment au *Moniteur* établissent que la production indigène a considérablement augmenté depuis quelques années, tant par l'augmentation du nombre d'hectares cultivés en Froment que par la moyenne à l'hectare qui a très-sensiblement monté. La

France ne doit donc plus craindre les prix excessifs. La disette n'est plus possible ; notre pays, au lieu d'être *importateur*, est devenu *exportateur*, et même, dans les mauvaises années, il est peu probable qu'il ne puisse produire au delà de sa consommation.

Le problème est donc renversé aujourd'hui : l'État doit moins s'inquiéter des consommateurs, et se préoccuper principalement des questions qui regardent les producteurs, pour que ceux-ci découragés par des bas prix perpétuels ne viennent un jour à manquer à la production.

On nous dit que l'agriculture ne souffre pas, et que ses plaintes ne sont nullement fondées, par cette raison que la baisse du prix des Blés n'affecte ni l'Avoine, ni le Maïs, ni la paille, ni les fourrages, ni les vins qui, jusqu'à ce jour, se sont très-bien vendus. Mais il ne faudrait pas perdre de vue que l'agriculture française produit essentiellement des Blés; et, en admettant même, avec M. de Kergorlay, que la proportion de ceux qui souffrent fût limitée à 1/6, il n'y aurait pas moins à compter avec les plaintes et les souffrances de 4 millions de producteurs. Si donc l'abaissement des cours au-dessous du prix rémunérateur a occasionné une perte de 300 millions, par exemple, elle pèserait de tout son poids sur 4 millions d'agriculteurs dont le revenu moyen, estimé par M. Wolowski à 150 fr. par tête et par an, se trouverait ainsi réduit à 75 fr. Il ne faut donc pas se servir des chiffres jusqu'à en abuser.

L'honorable membre est disposé à appuyer la proposition de M. de Lavergne, ou, du moins, il en adopte le principe; mais il ne pense pas que la quotité du droit fixé à 1 fr. 25 par quintal métrique soit assez élevée.

M. de Lavergne nous a exposé la manière dont il avait fait ses calculs pour arriver à un chiffre de 1 fr. 25, il est superflu de la rappeler; permettez, toutefois, de faire connaître à la Société un document qui ne repose pas sur des bases aussi étendues que celles qu'on a citées devant elle, mais qui a son importance, si restreinte qu'elle soit. M. Buignet, maire et cultivateur, à Chelles, dont la plupart des membres de la Société connaissent l'intelligence et la loyauté, a bien voulu prendre, chez quatorze fermiers ses voisins, le nombre d'hectares de chaque culture, l'impôt, et le nombre d'hectolitres récoltés ; en divisant le chiffre de l'impôt total par le nombre d'hectolitres récoltés, il arrive à un chiffre représentant ce que payerait l'hectolitre de Blé, si ce Blé devait seul solder les impôts. A ce sujet, M. de Lavergne disait que le Blé ne devait contribuer, dans cette dépense, que pour le tiers. Nous verrons, plus tard, si cette quotité doit être admise. Je vous demande maintenant à vous faire connaître le résultat donné par ces quatorze fermes.

1° Ferme de M. Renaut, à Roissy-en-Brie : contenance, 244 hectares ; impôts totalisés, 2,500 fr. : Blé récolté en moyenne, 1,000 hectolitres ; ce qui donnerait 2 fr. 50 d'impôt par hectolitre.

2° M. Baldé, à Torcy, ferme de Saint-André : contenance, 255 hectares ; impôts, 5,515 ; Blé en moyenne, 1,500 hectolitres ; ce qui donnerait 3 fr. 67 par hectolitre.

3° M. Piot, à Santeny (Seine-et-Oise) : contenance, 163 hectares ; impôts, 2,400 fr. ; Blé en moyenne, 1,000 hectolitres, ou 2 fr. 40 par hectolitre.

4° M. Gosbert, à Noiseau (Seine-et-Oise) : contenance, 200 hectares ; impôts, 4,500 fr. ; Blé en moyenne, 1,200 hectolitres, ou 3 fr. 75 par hectolitre.

5° M. Germont, à Chenevières-sur-Marne : contenance, 117 hectares ; impôts, 3,000 fr. ; Blé en moyenne, 750 hectolitres, ou 4 fr. par hectolitre.

6° M. Germont fils, à Férolles, près Brie : contenance, 152 hectares ; impôts, 2,600 fr. ; Blé en moyenne, 1,000 hectolitres, ou 2 fr. 60 par hectolitre.

7° M. Mongrolle, à Gournay-sur-Marne : contenance, 216 hectares ; impôts, 2,700 fr. ; Blé en moyenne, 600 hectolitres, ou 4 fr. 50 par hectolitre.

8° M. Sintier, à Logne (Seine-et-Marne) : contenance,

220 hectares; impôts, 3,000 fr.; Blé en moyenne, 900 hectolitres, ou 3 fr. 30 par hectolitre.

9° M. Gillet, à Bonneuil (Seine) : contenance, 181 hectares; impôts, 2,400 fr.; Blé en moyenne, 800 hectolitres, ou 3 fr. par hectolitre.

10° M. Ferrière, à Valenton (Seine) : contenance, 150 hectares; impôts, 2,500 fr.; Blé en moyenne, 900 hectolitres, ou 2 fr. 77 par hectolitre.

11° M. Gilbert, à Montigny (Seine-et-Oise) : contenance, 280 hectares; impôts, 5,300 fr.; Blé récolté en moyenne, 1,700 hectolitres, ou 3 fr. 12 par hectolitre.

12° M. Dailly, à Trappes (Seine-et-Oise) : contenance, 280 hectares; impôts, 5,735 fr.; Blé en moyenne, 1,645 hectolitres, ou 3 fr. 48 par hectolitre.

13° M. Corday, à Bussy-Saint-Georges (Seine-et-Marne) : contenance, 250 hectares; impôts, 6,000 fr.; Blé en moyenne, 1,100 hectolitres, ou 5 fr. 45 par hectolitre.

14° M. Vacher, à Noisy-le-Grand (Seine-et-Oise) : contenance, 130 hectares; impôts, 2,000 fr.; Blé en moyenne, 450 hectolitres, ou 4 fr. 40 par hectolitre.

En prenant la moyenne de tous ces prix, on trouve que l'hectolitre de Blé récolté payerait, pour la totalité des impôts, 3 fr. 495 en moyenne par hectolitre. Faut-il faire supporter au Blé la moitié ou le tiers de l'impôt payé par la terre ? M. de Lavergne lui impute le 1/3 seulement. Il nous semble que cette évaluation n'est pas suffisante. En effet, dans la majeure partie des cultures à céréales, la jachère n'est pas toujours supprimée. Les cultures intercalaires sont habituellement de seconde importance. Pour nous, c'est la moitié de 3 fr. 495 qui représenterait réellement la portion d'impôt payée par l'hectolitre de Blé ou 1 fr. 787 par hectolitre.

Selon M. de Lavergne, en prenant les bases ci-dessus, ce ne serait que le tiers ou 1 fr. 165.

Dans le premier cas, l'hectolitre pesant 75 kilog. le quintal métrique payerait en impôt 2 fr. 526.

Dans le second cas, l'hectolitre pesant 75 kilog. le quintal métrique payerait en impôt 1 fr. 553.

C'est donc, selon nous, 2 fr. 50 au minimum que devrait effectivement acquitter le quintal métrique de Blé étranger entrant en France, et ce pour compenser les charges que paye le Blé français pour jouir de tous les avantages dont profite aujourd'hui le Blé étranger arrivant sur notre territoire avec même une prime, au lieu d'acquitter les plus que modestes droits qu'imposait la loi de 1861. Est-il équitable que le Blé étranger profite des chemins de fer, des routes, des canaux, etc., que nos impôts ont créés, et cela sans aucune compensation de douane? Le Blé est-il une matière première. Pour nous, c'est un produit de notre industrie, tout comme les tissus, les fers; et ces produits, dits industriels, sont souvent protégés contre les produits similaires étrangers par des droits de 10, 15 et même 30 pour 100. Pourquoi ne pas nous mettre sur le même pied que les autres industries?

Lorsque sir Robert Peel abolit, en Angleterre, la législation sur les céréales, il comprit que la transition de la protection à la liberté serait pénible et difficile, et il s'efforça de donner à l'agriculture les compensations auxquelles elle avait droit. En France l'agriculture n'a reçu aucune compensation, et les charges qui lui incombaient ont été maintenues La situation du cultivateur est donc bien réellement malheureuse et appelle un prompt remède. L'enquête pourra constater le mal, mais elle sera probablement fort longue, et Il faut plaindre l'agriculture, si elle doit attendre la fin de l'enquête pour voir le terme de ses souffrances.

M. Combes. — Il y a cinq ans que la Société impériale et centrale d'agriculture, après une discussion longue et approfondie, provoquée par notre honorable et savant collègue M. L. de Lavergne, s'est prononcée pour la révision de cette législation sur les céréales, dont l'origine remonte aux premières années de la restauration, ainsi que nous le rappelait, dans la dernière séance, notre confrère M. Wolowski.

— La Société exprima alors le vœu que l'échelle mobile fût abolie, que l'exportation des céréales et autres produits agricoles ne fût entravée en aucun temps, et que les céréales étrangères fussent frappées, à leur entrée, d'un droit fixe dont elle n'indiquait pas la quotité. Il est certain, toutefois, que la Société entendait que ce droit d'entrée serait tel qu'il pût être invariablement maintenu dans les années de mauvaises et même de très mauvaises récoltes, et, pour cela, il devait être minimum.

La législation douanière des céréales a été réformée conformément au vœu de la Société. L'exportation des céréales et autres produits agricoles et alimentaires n'est soumise à aucune entrave. Les Blés étrangers sont soumis à un droit d'entrée de 0 fr. 60 c. ou 1 fr. 20 c., suivant qu'ils sont importés par des navires français ou assimilés, ou sous pavillons étrangers.

Le Seigle, le Maïs, l'Orge, le Sarrasin, l'Avoine sont exempts de droit quand ils sont importés sous pavillons français, et payent 0,60 par 100 kilog. quand ils sont importés sous pavillons étrangers.

La plus grande partie des céréales de toute espèce étant importée par pavillon étranger, les Blés acquittent 1 fr. 20 c. de droit, lorsqu'ils ne sont pas compensés par une exportation de farines. Les autres grains payent, en réalité, 0 fr. 60 c.

Sous cette législation nouvelle, nous avons traversé une année de mauvaise récolte 1861, une année de récolte médiocre 1862 et trois années consécutives où les récoltes moyennes ont été extrêmement abondantes. En 1861, les importations de grains et farines ont dépassé les exportations d'une valeur de 356,000,000 francs (commerce spécial). En 1865, les exportations de grains et farines ont dépassé les importations d'une valeur de 98,000,000 francs (commerce spécial). Il est de toute évidence que, en ce qui concerne les grains, la nouvelle législation a réalisé les espérances de la Société d'agriculture et de tous ceux qui l'avaient réclamée. Elle a allégé pour l'immense majorité de nos populations les souffrances d'une année de disette. Elle a contribué à l'élévation des prix pendant les années d'abondance, et M. de Lavergne lui-même admet que le taux du droit d'entrée sur les Blés, eût-il été de 1 fr. 50 et 2 fr. 40, comme il le demandait déjà en 1860 et comme il le demande encore aujourd'hui, au lieu de 0,60 et 1 fr. 20, eût-il été même de 3 francs, de 5 francs et de tout ce qu'on voudra, n'aurait pas sensiblement contribué à relever les prix des Blés, sauf peut-être sur le littoral de la Méditerranée; si quelque chose les a soutenus, les a empêchés de descendre jusqu'aux prix infimes que nous avons vus, à plusieurs reprises, sous le régime de l'échelle mobile, c'est la liberté d'exportation garantie par la loi et le commencement d'organisation du grand commerce des grains qui en a été la conséquence.

Tout en étant d'accord avec nous sur les points que je viens de signaler, M. de Lavergne veut qu'on élève le droit d'entrée sur les Blés de 0,60 et 1 fr. 20 c. à 1 fr. 50 et 2 francs, ce qui représente près de 7 à 10 p. 100 de la valeur actuelle, et il veut que les bestiaux, les viandes, les laines, les soies aussi, peut-être (je ne sais pas même s'il exempte les cotons), soient assujettis à une taxe de 5 p. 100 de la valeur. Avant de discuter au fond ces propositions, je ferai remarquer qu'elles sortent du champ de la discussion, telle qu'elle a été d'abord engagée, immédiatement après la lecture du rapport de M. Bella. Le point mis d'abord en discussion, à la demande de M. Lavergne lui-même, était de savoir si la loi du 15 juin 1861 était pour quelque chose dans l'avilissement du prix des Blés, principal sujet des doléances de l'agriculture. C'est à cette question qu'il faut d'abord répondre, et, si je ne me trompe, M. de Lavergne y répond, y a déjà répondu à diverses reprises, comme nous le faisons nous-même, par un *non* très-ferme. Je demanderai donc d'abord que la Société s'explique catégoriquement sur ce point; je ne pense pas qu'elle puisse voter, avant la fin de la discussion générale, sur les propositions de M. de Lavergne autres que celles qui touchent au droit d'entrée sur les Blés ou les grains en général, et aux importations en franchise temporaire de droit, à charge de réexportation, après mouture. Je traiterai d'abord ces questions-là, me réservant de revenir, à la fin, sur les taxes qu'il réclame sur les bestiaux, les laines, etc.

Nous sommes régis par une loi qui n'a pas encore cinq ans de date. Dans cet intervalle, Dieu nous a accordé, dans sa bonté, trois récoltes abondantes non pas seulement en Blés, mais en vins, en Betteraves, en productions de toute sorte, sauf une seule, celle des cocons.

Oh ! le revers méridional des Cévennes, les vallées étroites et autrefois si heureuses du Gard et de l'Ardèche, où l'on ne peut faire venir assez de Blés pour la nourriture des habitants, qui se consument en vains efforts pour utiliser la feuille des Mûriers qu'ils ont multipliés avec tant de dépenses et un si pénible labeur depuis un demi-siècle, voilà des pays dont la détresse est grande, sans compensation, désolante à fendre le cœur. Est-ce que la loi de 1861 et la réforme commerciale sont pour quelque chose dans ce déplorable malheur ? Les soies en cocons, gréges et même moulinées, les frisons, la bourre de soie ne sont pas, il est vrai, frappés du droit d'entrée de 5 p. 100 réclamé par M. de Lavergne, et il en est entré en France, en 1865, pour une valeur de 179 millions, déduction faite de la valeur des réexportations montant à 118 millions, en franchise complète. Mais aussi nos fabricants de soieries, qui n'ont aucune protection et n'en ont point réclamé, ont exporté, dans la même année, une valeur de 388 millions, déduction faite de 11 millions d'importations. Certes, tout droit d'entrée qui aurait frappé les soies et bourre de soie serait tombé à leur charge, aurait ralenti une fabrication déjà trop limitée par le prix de la matière première, entravé l'industrie manufacturière, sans remédier à la détresse des éleveurs de vers à soie. Je n'ajoute qu'un mot, c'est qu'en 1861 nos exportations de tissus de soie (déduction faite des importations) étaient seulement de 329 millions ; elles ont été, je l'ai dit, de 388 millions en 1865, augmentation 59 millions, soit 18 pour 100 en quatre ans.

Je reviens aux céréales. — Il n'en est pas heureusement pour les producteurs de Blés comme pour les producteurs de cocons : pour les premiers les prix peu élevés des grains sont compensés d'abord par l'abondance des récoltes, ce qui est le principal pour le petit cultivateur, pour les métayers et bon nombre de fermiers; ils sont compensés par les prix relativement élevés des autres productions des terres qu'ils exploitent. Ce sont les racines et particulièrement la Betterave dans les contrées du Nord et du Centre ; la Vigne, le Maïs, les fruits dans le midi de la France, les cultures spéciales, telles que le Houblon, le Tabac, la Garance, dans plusieurs départements. Quoi qu'il en soit, s'il est vrai que la loi de 1861 n'ait en rien contribué à l'abaissement des prix des Blés dont on se plaint ; s'il est vrai, comme l'ont démontré, à mon avis, jusqu'à l'évidence, MM. de Kergorlay, Lecouteux, Wolowski et M. de Lavergne lui-même, que les prix des Blés, dans les années d'abondance, ne peuvent être relevés par une élévation quelconque des droits d'entrée ou même la prohibition absolue et que l'exportation seule soit efficace pour les soutenir, pourquoi changerait-on, après quatre ans d'existence, pendant lesquels elle n'a procuré que du bien, les dispositions de cette loi? Ce ne pourrait être que pour satisfaire à la doctrine absolue et quelque peu subtile des droits *fiscaux* de M. de Lavergne, qu'il m'est impossible, je le confesse, de distinguer nettement des droits protecteurs qu'il repousse aussi bien que moi. Tous les droits d'entrée, à l'exception de ceux qui sont exagérés au point d'être équivalents à la prohibition, sont à la fois fiscaux et protecteurs. M. de Lavergne veut qu'on fasse payer au Blé étranger un droit égal à la part de l'impôt foncier qui pèse sur le Blé français. Mais cette part ne peut être déterminée que par des calculs très-hypothétiques et vagues. Le gouvernement a eu raison, selon moi, en 1821, de ne pas s'embarquer dans des supputations de ce genre. Il a suivi l'exemple des nations qui nous avoisinent, de l'Angleterre, de la Belgique, de la Hollande, et établi un droit assez faible pour qu'il puisse être maintenu, même dans les années de mauvaises récoltes, tandis que celui de 1 fr. 50 et de 2 francs, en pareille circonstance, ne pourrait pas subsister devant les plaintes des populations.

En élevant le droit fixé en 1861, on montrerait une fois de plus l'instabilité de notre législation douanière, instabilité qui est l'objet de plaintes vives et très-fondées; on ne donnerait qu'une satisfaction illusoire aux plaintes des agriculteurs, et on les confirmerait dans cette idée fausse que l'agriculture peut être protégée et a besoin de protection ; on pousserait au développement de la culture des céréales, quand c'est le contraire qu'il faut faire.

M. de Lavergne demande encore une augmentation du droit sur les bestiaux. — Mais la viande est-elle donc trop bon marché? le prix n'a cessé d'augmenter.

Il propose également une élévation de droits sur les laines. — Or nos importations de laines en masses dépassent nos exportations, en 1865, de 217 millions.

Mais, dans cette même année, nos exportations en tissus de laines, fils de laines et articles confectionnés dépassent les importations de 426 millions environ, tandis que l'excédant des exportations sur les importations n'était, en 1861, que de 250 millions. Voici les chiffres :

En 1865.			En 1861.
338 millions		en tissus de laines.	167 millions.
9	—	en fils de laines.	5 —
79	—	en articles confectionnés (1).	54 environ.
115	—	toutes les confections.	78 millions.

(1) Les chiffres relatifs aux articles confectionnés ne sont qu'approximatifs; dans les états de douanes, les articles de confections comprennent à la fois les articles de lingerie et les tissus de laines. Les chiffres applicables à l'ensemble des confections sont de 115 millions pour 1865 et 78 pour 1861.

Est-ce que les laines d'Australie, du Levant, de la Plata ne font pas vendre les laines françaises? est-ce qu'un pareil développement de notre industrie manufacturière ne protége pas nos laines mieux et plus sûrement que tous les droits d'entrée possibles? est-ce qu'un droit de 5 p. 100 sur les matières premières ne risque pas de troubler profondément cette industrie et de nuire à son magnifique développement?

De toutes nos industries, l'agriculture est celle à laquelle la liberté des échanges est la plus profitable; elle agirait directement contre ses intérêts en faisant cause commune avec les protectionnistes. Il importe de faire pénétrer parmi nos populations agricoles les saines idées économiques; il importe qu'elles sachent ce dont tout le monde convient ici, que, dans les années d'abondance, tout le vieil arsenal des droits d'entrée, des prohibitions, etc., est impuissant pour relever le prix des grains, et que l'exportation seule peut contribuer à les soutenir. C'est parce que toute modification apportée, dans ce moment-ci, à la loi de 1861 impliquerait la négation de cette vérité, que je la repousse.

Quant aux importations en franchise temporaire, à charge de réexportation, elles ne peuvent être justifiées devant un droit d'entrée minime, tel que celui qui existe aujourd'hui. Je crois qu'elles doivent être supprimées, en ce qui concerne les céréales. Cela ne porte, d'ailleurs, aucune atteinte ni à la loi de 1861, ni à celle de 1836. L'exhaussement du droit sur les Blés étrangers est un obstacle à la suppression du régime des importations en franchise temporaire, et ce serait pour moi une raison de plus et très-forte de le combattre.

M. Passy. — Je ne veux pas entrer dans la discussion savante et loyale qui s'est développée devant la Société. De part et d'autre presque tous les arguments ont été exposés. Je n'ai qu'une opinion personnelle à motiver sur la résolution que la Société doit prendre, en restant dans les termes qu'elle a adoptés en 1859, lorsque la question a été si solennellement débattue dans son sein.

Est-il nécessaire de proposer un changement dans la loi nouvelle en raison d'un accident de température?

L'avenir doit-il être sacrifié au désir de remédier à un mal passager?

Est-il prudent de céder à des préjugés, à d'anciennes routines, parce qu'il y a une souffrance vraie, mais momentanée, qui n'existera peut-être pas l'année prochaine?

Si la loi que vous demandez coïncide avec une augmentation de prix l'année prochaine, elle sera inutile.

Si la baisse continue, votre tarif sera déclaré inefficace et vous serez forcé, logiquement, d'en demander une aggravation.

Changer la législation actuelle, c'est l'accuser du mal dont on se plaint et dont elle n'est pas responsable.

Quel est le mal? l'abondance des produits accumulés pendant deux années, qui a déterminé une baisse de prix du Blé, mais non des autres produits agricoles.

De quoi accuse-t-on la loi? d'avoir favorisé l'importation.

Il me semble que l'on a prouvé que les importations n'étaient pas, en réalité, la cause de dépréciation du prix actuel.

Alors on nous dit : Cela est possible, mais c'est un mal moral que produit la loi. On a peur à la seule menace des importations, et un effet général de crainte porte les cultivateurs à baisser leurs prix.

Les spéculateurs peuvent raisonner ainsi, mais non pas les cultivateurs.

Les cultivateurs n'opèrent pas de cette manière. Ils ignorent ce qui se passe au delà d'une certaine région. Ils vendent leur Blé, pour payer leur propriétaire, pour payer les contributions, pour payer la main-d'œuvre, et ils ne vendent pas par spéculation.

Ils gardent leur Blé de surplus pour le vendre quand les prix viennent à s'élever.

Et d'avance, à la vue de leurs récoltes et de celles de leurs voisins, ils présagent quelles seront la hausse et la baisse dans leurs marchés.

On l'a dit, le danger d'une augmentation de droit, c'est que, s'il est léger, il ne peut satisfaire aux plaintes qui s'expriment; s'il est considérable, il faudra l'abolir en cas de cherté.

Je défie le gouvernement de maintenir un droit fixe même minime sur les céréales en cas de cherté. C'est donc l'équivalent de l'échelle mobile que vous voulez.

Et voyez le danger. La législation est faite. La cherté arrive. Le consommateur se plaint violemment. Il faut que le gouvernement brise la loi, en présence de la faim.

Vous rendez le gouvernement responsable du prix des céréales, c'est là le préjugé qu'il faut vaincre. Il est ancien, il est latent au fond des esprits vulgaires.

Pour une fois que vous aurez établi une législation des céréales honnête et prévoyante, à la première plainte vous venez consacrer les préjugés les plus anciens et les plus funestes.

La disette de 1847 est au fond de 1848. Cherté extrême en 1847, baisse énorme en 1849. Une législation quelconque peut-elle suivre de tels mouvements?

Il n'y a pas de préjugés plus violents que ceux qui s'attachent à la subsistance.

On les retrouve au fond des esprits quand on les croit oubliés.

Chacun sait que Turgot abolit les barrières entre les provinces et édicta la libre circulation du Blé. Il fut attaqué, on créa une disette factice, et il tomba au grand détriment de l'avenir de la royauté.

La malheureuse affaire de Buzançais en 1847 était un reste du préjugé. On ne voulait pas que le Blé sortît du territoire. C'était un souvenir de l'antique législation.

Il faut du temps pour faire comprendre que la liberté des transactions, de la circulation est le véritable moyen d'adoucir les disettes; c'est un devoir de ne pas faiblir devant de fallacieuses apparences.

Sous l'échelle mobile, on regrettait la législation antérieure; on l'accusait de favoriser l'importation et d'être la cause de la baisse du prix des céréales : elle n'était pas mieux traitée que la loi actuelle.

En 1847, le gouvernement s'était bien conduit; il avait laissé au commerce toute sa liberté, il avait assuré la sécurité des transactions; et cependant on lui imputait l'absence de Blé dans les greniers des cultivateurs et sur les marchés.

Il avait dans ses souvenirs deux enseignements formidables qui lui servirent de guide :

La disette de 1812, pendant laquelle on condamnait cruellement des femmes qui criaient sur les marchés;

La disette de 1816, pendant laquelle le gouvernement fit des achats qui se liquidèrent par une perte énorme et avaient produit la retraite du commerce qui ne pouvait lutter contre des prix fictifs : le mal s'en trouva aggravé.

Autant que possible, dégageons le gouvernement d'une responsabilité dont on le charge malgré lui : ôtez-lui l'apparence de cette terrible faculté qu'on lui impute et qu'il ne peut avoir, qu'il n'a jamais eue, de faire hausser ou baisser le prix du pain.

En 1835, la récolte avait été abondante : il y eut baisse considérable.

On en accusa l'échelle mobile, et voici ce qui se passa dans un département :

Le conseil général de l'Eure s'émut des plaintes universelles qui s'élevaient.

Ce conseil général renfermait quatre anciens ministres dont les opinions étaient diverses depuis M. de Vatimesnil, le duc de Broglie, M. Bignon et M. Dupont de l'Eure.

Voici la délibération qui fut prise à l'unanimité :

« Un membre exprime la douleur qu'il éprouve de voir régner généralement parmi la population agricole l'opinion erronée que le bas prix des grains tient à une introduction considérable de céréales étrangères. Il demande que les relevés trimestriels des importations et des exportations de céréales, fournis par le ministère du commerce, soient non-seulement réimprimés dans toutes les publications départementales, mais encore placardés dans les marchés.

« Le conseil s'associe à ce vœu et arrête qu'il sera consigné dans son procès-verbal. »

Et quel était le prix du Blé à cette époque? Il était, sur nos marchés, de 14 à 16 fr. en s'approchant du Havre. Il était de 9 fr. 78 c. à Metz, loin des ports, et de 18 à Marseille, où pouvaient se faire des importations.

La situation de la propriété et de l'agriculture est sans doute singulière. Le prix des terres a baissé. Les fermages n'ont pas augmenté.

C'est l'offre des actions et des obligations industrielles qui porte les particuliers à vendre leur terre pour augmenter leur revenu, et la quantité de propriétés qui se présentent aux enchères amène naturellement une dépréciation de la valeur.

Le mal s'étend aux cultivateurs eux-mêmes. Ils enterrent moins leur argent, mais ils le portent à la bourse, au lieu de s'en servir pour améliorer leurs terres, et cette disposition rayonne beaucoup au delà des environs de Paris.

Un préfet me racontait que le receveur général de la Creuse lui avait demandé, et il y a plus de dix ans, de faire publier, chaque matin, la bourse de Paris. Comment, dit le préfet, on s'intéresse à la bourse dans la Creuse? Mais certainement, répondit-on.

En résumé, dites ce que vous savez sur les souffrances générales de l'agriculture.

Cette Société, qui renferme tant d'hommes éclairés qui ont des relations avec toutes les parties de la France, peut jeter beaucoup de lumières sur l'état de l'agriculture et, en accusant les faits, montrer ce qu'il y a à faire.

Mais prenez bien garde à changer une loi si récente et

dont les effets ne sont contrariés que par deux récoltes abondantes.

La Société a fait une enquête.

Le peu de mouvement que son action a créé me prouve que la question n'a pas le retentissement qu'on supposait.

La Société peut-elle, sur les documents qui lui ont été fournis, asseoir une opinion positive ? Non.

Mais ce qu'elle peut faire, ce qu'elle doit faire, c'est d'examiner les causes réelles des souffrances dont se plaint l'agriculture, et je dirai qu'elle est une enquête perpétuellement ouverte.

Mais doit-elle appeler une réforme dans la législation des céréales? Je dis non.

La loi est nouvelle, elle en est à sa première épreuve. Les faits sont-ils tellement saillants, tellement clairs, tellement positifs, qu'on puisse imputer à la loi la baisse des prix ?

C'est à la Providence qu'il faudrait s'adresser. Demandez-lui d'établir une moyenne entre les diverses températures, de nous donner d'une manière régulière le soleil et la pluie. Mais alors vous n'aurez plus de progrès dans une culture qui deviendra sans avenir.

Ce que je n'admets pas, c'est que la Société propose un chiffre.

Si elle le fait, elle empiète sur la puissance publique, elle sort de ses attributions.

C'est au gouvernement à tirer des conséquences des discussions savantes et étendues auxquelles nous assistons, de l'exposé qu'elle fera des véritables causes des souffrances de l'agriculture.

Elle doit tout dire, mais elle ne doit pas s'ingérer, par un chiffre, dans un article de loi.

Dans la solennelle discussion sur l'échelle mobile, elle a prudemment écarté cet écueil.

Elle a donné un conseil, et il a été suivi; peut-être trop, me diront mes adversaires; c'est possible, mais la Société n'est pas responsable, et elle s'est maintenue dans ses attributions.

Voulez-vous qu'elle se démente, qu'elle revienne, par une voie détournée, sur ses résolutions? Je ne puis le penser.

M. de Lavergne — donne lecture d'un décret du 25 août 1861 et d'une circulaire de l'administration des douanes relative à l'admission temporaire des Blés étrangers destinés à la mouture, à charge de réexportation.

M. Gayot.— Messieurs, le premier besoin que j'éprouve en prenant la parole dans une question aussi haute est de vous rassurer. Je ne commettrai pas l'insigne maladresse de tenter de refaire très-mal les beaux, les savants discours que vous avez entendus. Mais de la grande étude à laquelle nous nous livrons ici en commun, après les recherches personnelles et les silencieuses méditations du cabinet, il reste encore, je crois, quelques considérations à présenter, quelques points à rappeler.

Pour ceux qui nous écoutent, cette Société paraît divisée en deux camps : celui des libres échangistes et celui des protectionnistes, deux appellations qui ont singulièrement vieilli, à mon sens, ou tout au moins dont la signification première a été notablement modifiée dans les derniers temps par suite du mouvement des idées et de la marche rapide des faits.

Pour moi, j'abandonnerais volontiers ces dénominations surannées aujourd'hui, parce qu'elles ont, à mes yeux, l'inconvénient de rappeler des luttes passionnées que personne n'a plus intérêt à ressusciter, à recommencer. Cependant je les vois près, tout près de nous, et c'est avec regret qu'il m'a déjà fallu suivre, sur ce terrain brûlant, plusieurs de nos collègues dont j'admire le talent et avec lesquels je voudrais être de force à me mesurer, afin de mieux faire passer dans vos esprits les idées moins exclusives et plus larges tout à la fois, qui me semblent être la vérité vraie, c'est-à-dire la vérité utile et pratique.

Permettez-moi de répudier ces deux appellations (elles auraient le tort immense de nous constituer en frères ennemis), et de constater qu'ici, dans cette enceinte, j'ai beau ouvrir les yeux et regarder avec la volonté de voir, je n'aperçois en fait que des libéraux dans la meilleure acception du mot, j'entends par là des amis éclairés de toutes les libertés, des partisans sincères de la liberté. Je n'aperçois ni rétrogrades ni tardigrades ; en effet, je ne sache personne, parmi nous, qui veuille s'atteler par derrière au char du progrès pour le tirer à reculons ; je vois que tous, au contraire, dans la mesure de nos forces, nous l'avons courageusement, et parfois des premiers, poussé en avant. D'où vient donc que, malgré cela, nous restons divisés dans un débat où la liberté joue un rôle si essentiel? Ah ! c'est qu'il y a, paraît-il, plusieurs façons d'interpréter, d'entendre, de pratiquer la liberté.

Si, pour tous, la liberté était une, si elle était toujours escortée par l'égalité et par la justice, si elle s'attachait équitablement, avec le même soin, la même prévoyance, la même sollicitude, aux grands intérêts du pays sans en sacrifier aucun, tous l'aimeraient sans aucun doute, et l'acclameraient d'une seule voix. Malheureusement il n'en est pas ainsi : à commencer par lui, le libre échange n'est pas la liberté. Je ne puis donner le nom de liberté à une doctrine qui ne voit qu'un seul côté des choses. Le libre échange est un admirable système pour les nations essentiellement industrielles et commerçantes, pour celles qui, fabriquant assez de certains produits pour en fournir au monde entier, sont forcées de s'ouvrir, pacifiquement ou à coups de canon, les marchés de l'univers. Mais ces nations-là ne sont pas essentiellement agricoles. Loin de là, elles mourraient de faim si les autres ne pouvaient leur apporter le pain quotidien, le pain et quelque chose avec ; elles mourraient de faim sans les voisines qu'elles peuvent affamer; quand ces voisines sont constituées de telle sorte que l'agriculture étant leur première industrie, la source vive et presque unique de leur richesse, supporte le poids des charges publiques.

Dans ces conditions, Messieurs, il n'y a ni parité ni égalité entre les unes et les autres et, pratiqué comme il l'a été entre elles, le libre échange n'est plus un bienfait.

La liberté des transactions me séduit autant qu'elle enthousiasme les libres échangistes ; mais je la veux sur toute la ligne, au dedans et au dehors, je la veux pleine et entière, car à cette condition seulement elle est juste et possible. A-t-elle bien servi nos émules ? C'est incontestable. Nous a-t-elle nui ? Hélas ! ce n'est pas moins incontestable, car elle a frappé notre industrie mère. Le commerce en a bénéficié, mais le commerce n'est pas l'agriculture. Cette thèse a été admirablement développée et mathématiquement démontrée ici par M. de Lavergne.

Nous voilà loin de la question des céréales, si on la veut isoler de toutes celles qui lui sont connexes et dont on ne saurait pourtant la détacher. Rien ne le prouve mieux que la critique dirigée contre l'extension qu'a prise le débat dans la bouche de ceux qui s'y sont mêlés : en faisant la remarque très-fondée qu'il était sorti des limites qu'on avait cherché à lui imposer primitivement, M. Combes les a franchies, tout le premier, d'un bond immense et, d'une aile rapide, il a successivement visité tous les points du vaste horizon qui s'ouvre devant la question, petite ou grande, du Blé.

Quand la liberté a saisi le commerce des céréales, ç'a été pour faire que le consommateur français pût manger du pain au prix le plus bas et à un prix presque toujours le même. Seul le consommateur a préoccupé en ceci le libre échangiste et le législateur. Au producteur on a fait tout à la fois son procès et des promesses : son procès en l'accusant de routine et d'impuissance, bien qu'on n'ait pas assez fait pour l'instruire, ni pour faciliter ses moyens d'action ; des promesses en lui prouvant que l'ancienne législation, insuffisante à le protéger, l'avait simplement attardé, tandis que la nouvelle lui permettrait d'inonder de ses Blés un pays voisin pour qui il n'en produirait jamais assez; en lui démontrant qu'en temps de disette l'importation ne pouvait lui porter aucun préjudice ; que, dans les années d'abondance, l'exportation ferait sa fortune. Vous savez ce que sont devenues ces promesses. En temps de pénurie, l'importation tient les prix bas; dans les années ordinaires, l'importation maintient les prix au même niveau, et dans les années d'abondance l'exportation emporte nos Blés au-dessous du prix de revient, en attendant que la diminution des récoltes jette le pays, en ce qui touche le Froment, dans la situation où il se trouve dès à présent, quant à la production notablement réduite des laines, par suite de la diminution notoire, aujourd'hui, du chiffre de la population ovine.

Cependant la réforme de la législation commerciale des grains a été sollicitée et obtenue au nom d'un grand intérêt, par la nécessité (nécessité fait loi) de ne pas laisser monter le prix du pain, dans les villes et dans les grands centres manufacturiers, au delà de certaines limites. La cherté du pain, on se l'est rappelé à propos, ç'a été le prélude de deux grandes révolutions en notre pays : celle de **1789** et celle de **1848**. Le gouvernement a voulu supprimer cette cause de trouble pour la nation. C'est bien ; mais fallait-il faire supporter à l'agriculture seule, déjà surchargée, les frais de la réforme ? Et, tandis qu'on lui enlevait sciemment une source considérable de revenus, une cause certaine de profit, n'y avait-il pas justice à lui donner du même coup des compensations nécessaires ?

La libre importation des laines étrangères était une nécessité aussi. Notre industrie manufacturière, dans sa période de rapide croissance, manquait de matière première ; il fallait lui offrir les facilités de s'en procurer à bas prix. On l'a fait au détriment de l'agriculture nationale, qui ne vend plus ses laines qu'à un taux inférieur au prix de revient et qui se soustrait à l'obligation de vendre à perte en réduisant l'importance de ses troupeaux. Il en eût été autrement si, en abaissant les tarifs à l'entrée sur les laines, on avait donné du même coup aux producteurs indigènes une équitable compensation de la perte qu'ils éprouvaient.

Ce n'est pas tout cependant. L'abaissement du droit d'entrée sur les laines a surexcité l'industrie manufacturière, qui a pris à l'agriculture, pour ne plus les lui rendre, les bras occupés, jusque-là, aux travaux du sol. Il en est résulté moins d'abondance de la main-d'œuvre et surenchérissement de cette dernière, ou, ce qui est même chose, une élévation proportionnelle des anciens prix de revient. L'industrie manufacturière est plus active, plus florissante peut-être qu'elle ne l'était précédemment; mais sa plus grande prospérité compense-t-elle la perte qu'elle a occasionnée à l'agriculture? Je n'en sais rien : ce n'est pas ici le lieu d'examiner et de résoudre cette question. Pour le moment, il me suffit de faire remarquer que ce n'est pas au préjudice des agriculteurs que devraient être conquis le développement et la richesse de notre industrie manufacturière.

Je pourrais poursuivre cet examen et montrer d'autres exemples tout aussi malheureux. Les grandes industries d'une nation sont solidaires; toutes, néanmoins, dépendent de celle qui prime les autres, et, pour la législation, doivent demeurer ses subordonnées : ici, c'est le commerce; là, comme chez nous, c'est l'agriculture. Le libre échange est, et doit être, la loi suprême des nations essentiellement commerçantes ; il n'est pas, il ne saurait être la loi primordiale, supérieure, toute la loi des nations essentiellement agricoles. Le pourquoi de ceci, Messieurs, est tout simplement dans le système général économique, très-différent, qui règne par la force des choses et de très-vieille date dans les unes et dans les autres. Est-ce que chez nous, où, durant des siècles, nous avons été tout par l'agriculture ; pendant la paix, comme pendant la guerre, les charges publiques n'ont pas porté pour la plupart sur la terre et sur ses produits? Il n'en est pas de même ailleurs, et ce fait, assurément très-considérable en soi, subordonne en notre pays toutes les industries à l'industrie mère.

Lorsqu'on a rédigé des traités de commerce, on a abaissé au plus bas les droits d'entrée en France sur toutes les productions agricoles de l'étranger ; ces dernières, produites à moindres frais que les nôtres, viennent sur nos marchés forcer les producteurs nationaux à vendre à perte, et l'on n'a pas obtenu l'abaissement du prix d'entrée, dans les autres Etats, de certains de nos produits, très-abondants, qui, à défaut du marché intérieur, avaient besoin des marchés des nations. C'est la singulière situation faite à nos viticulteurs, à qui l'on a fermé l'entrée de nos villes et l'entrée des nations avec lesquelles nous nous sommes liés par des traités de commerce. Nos vins ne vont pas plus facilement en Allemagne, en Angleterre, aux Etats-Unis, qu'ils ne pénètrent dans nos villes et en Espagne ; mais on se demande comment nous laissons venir en France, avec un droit de 25 centimes, les vins d'Espagne, quand les nôtres ne peuvent franchir le seuil de cette puissance que moyennant un droit de 37 fr. 50 l'hectolitre.

M. Combes nous disait, mercredi dernier : Le faible droit établi à la frontière sur les Blés étrangers n'a été, de la part de la France, ni une innovation ni une fixation arbitraire, mais une imitation pure et simple de ce qui existait chez nos voisins. Puisqu'on s'est fait imitateur sur ce point, pourquoi s'est-on arrêté en si beau chemin ? Pourquoi admettre chez nous les vins étrangers à des conditions plus favorables que celles obtenues pour les nôtres dans toute l'association douanière allemande ? Pourquoi la prohibition aux Etats-Unis ? la résistance opposée à nos libres échanges en Angleterre ? Pourquoi favoriser entre tous et à ce point l'Espagne ?

Ce ne sont pas des agriculteurs, Messieurs, qui ont fait à l'agriculture cette triste condition d'infériorité ; le jour où elle pourrait faire acte de puissance, croyez bien qu'elle commencerait par briser les liens qui l'enchaînent et par se faire libre, libre et l'égale des autres industries, dont elle a, une à une, favorisé la naissance, dont elle a successivement payé les frais de nourrice, et qu'en mère dévouée elle alimente encore aujourd'hui, autant que ses ressources le lui permettent.

Le libre échange ne veut rien voir, rien savoir de tout cela. Il négocie dans l'intérêt du commerce des nations, tant pis si cet intérêt est contraire à la production nationale. Seul le consommateur a ses sympathies; tout d'abord il avait la prétention de lui donner la vie à bon marché, mais la vie à bon marché ne venant pas et paraissant plus éloignée que jamais d'apparaître, on s'est retourné dans le raisonnement, et on a dit : Qu'importent, après tout, le bon marché ou la cherté ! La question n'est pas là ; elle est dans le taux des salaires. Les salaires s'élevant peu à peu et proportionnellement au renchérissement de toutes choses ou à l'accroissement des besoins, qu'importe, encore un coup, la cherté ! L'essentiel est de pouvoir y atteindre.

C'est ainsi, Messieurs, qu'au lieu d'offrir à la production les moyens de naître à bas prix on la met chaque jour de plus en plus, et sans se préoccuper autrement de cette impuissance, dans l'impossibilité de récolter à bas prix. Les gros frais de production font les produits chers en agriculture ; or cette sorte de cherté a ses dangers.

On vous l'a dit ici avec une grande autorité, c'est la production à bon marché qu'il faut s'efforcer d'obtenir au dedans. C'est une question de vie ou de mort pour l'agriculture nationale, surchargée et mise brusquement en face de la compétition des agricultures étrangères plus favorisées chez elles, plus favorisées aussi chez nous, ce qui est bien un peu, je pense, le monde renversé.

Là est le grand vice du libre échange systématiquement appliqué aux contrées plus agricoles que commerçantes, mais on le cache, on le défend aujourd'hui en déclarant tout net que l'agriculture ne peut pas être protégée. Pour être nouveau, ce langage n'en est pas moins formel. Il faut le répéter bien haut et le redire à tout propos aux agriculteurs afin qu'ils n'en ignorent. Non et non, l'agriculture, au temps où nous sommes, ne peut plus être protégée; mais elle doit cesser tout aussi bien d'être asservie; il faut enfin qu'elle entre de plain-pied partout, qu'elle reçoive une organisation forte, une représentation sérieuse.

Non, l'agriculture ne peut plus être protégée, et c'est pour cela qu'elle souffre, non en particulier ou en un point spécial comme on l'a dit, mais en général sur tous les points à la fois, ainsi que le prouvera bientôt l'enquête solennellement annoncée.

L'agriculture souffre, et pour l'avoir obstinément dit et répété elle s'est fait des ennemis puissants. Elle a demandé une enquête en accusant la nouvelle législation d'être cause de sa détresse. Là est son tort aux yeux des libres échangistes. Souffrez, mais n'attribuez pas votre misère au libre échange. N'allez pas prouver au monde qu'il y a eu souveraine injustice à appeler chez vous, en franchise de droits, les produits similaires de l'étranger, obtenus à meilleur marché que les vôtres, avant de vous avoir donné à vous-mêmes les moyens de produire au même prix que vos rivaux. Une pareille démonstration serait un danger pour le libre échange, un danger et peut-être bien, qui sait? un échec. Or ce n'est point aux principes à succomber; pour eux, le triomphe quand même, partout et toujours. On a donc eu bien soin de déclarer que l'enquête aurait certainement pour résultat de montrer que la liberté commerciale, loin d'avoir été la cause des souffrances de l'agriculture, les avait, au contraire, de beaucoup atténuées.

C'est sur les chiffres de l'importation et de l'exportation comparés, des céréales et des produits agricoles pendant l'année 1865, qu'on appuie cette assertion. M. Léonce de Lavergne vous a dit comment, tout en étant favorables au commerce et à certaines industries nationales, ces chiffres accusaient néanmoins la détresse de l'agriculture. C'est quand les produits importés viennent remplir les déficit de la production nationale ou lorsque, exportés ou non, les produits ont été achetés sur nos marchés à des prix inférieurs à leur prix de revient.

Mais il y a aussi une autre manière de présenter, de totaliser et de grouper les chiffres. Alors leur signification change. Ce ne sont pas les chiffres d'une année seulement qu'il faut prendre, peser, interroger et interpréter, mais ceux de plusieurs. En procédant ainsi, en étudiant de plus haut les faits dans leur ensemble, à partir de l'ère nouvelle ouverte à la production indigène par la dernière législation, on arrive à de tout autres résultats, et ceux-ci accusent bien plus exactement les points qu'il s'agit de mettre en saillie, c'est-à-dire la mauvaise situation de l'agriculture et ses trop réèlles souffrances qu'il n'est pas bien de nier alors que le pays entier les ressent et les montre.

Pour ma part, je ne crois pas que la liberté commerciale coure ici aucun risque ou soit en péril; mais je dis que cette liberté n'est pas toute la liberté, et qu'une fois conquise la liberté de l'agriculture, l'autre n'en sera que plus sûrement acquise. Je vais plus loin et j'ajoute ceci : La liberté commerciale, celle des libres échangistes, n'a chance de durée et ne saurait se maintenir sans celle qu'ont revendiquée à si juste titre les agriculteurs éclairés et bientôt tout d'une voix avec eux l'agriculture nationale.

Les protectionnistes d'hier (il n'y en a plus aujourd'hui) ont vaillamment combattu pour la prolongation plus ou moins écourtée de la protection contre les idées par trop absolues et un peu prématurées du libre échange en notre pays; ils ont été vaincus. Le triomphe de leurs adversaires coûte cher à l'agriculture française. Pourquoi ne pas le reconnaître? Un grand préjudice a été causé, c'est un fait matériellement démontré, ne nions pas l'évidence, et travaillons, tous tant que nous sommes, à le réparer. Encore une fois les idées de liberté n'ont rien à perdre de ce qui adviendra de l'enquête, elles n'ont qu'à gagner et à se fortifier dans les esprits encore hésitants, si, au lieu de rester le privilége d'une partie, de la moindre partie de la nation, elles deviennent le patrimoine, le domaine de tous et de chacun. Il n'est pas juste de donner à certaines industries ce qu'on refuse à leur mère commune. Celle-ci ne demande pas le retrait des avantages accordés aux autres; elle demande seulement qu'on ne l'en exclue pas, qu'on la mette sur un pied d'égalité absolue. N'est-ce donc pas par elle qu'on aurait dû commencer en nos pays?

Posée en ces termes, la question ne saurait effaroucher le libre échange. On peut croire qu'il est venu chez nous un peu avant terme; il a été le commencement quand il eût été plus logique qu'il vînt seulement en manière de couronnement d'une grande œuvre, l'œuvre générale; mais il est là enfin, il est en possession et possession vaut titre : nul ne songe à le chasser, lui, le premier occupant; qu'il demeure, mais qu'il ne fasse pas obstacle à de nouvelles conquêtes sur la liberté.

A cet égard sommes-nous donc si bien partagés? Les plus optimistes n'oseraient le dire. Appuyés les uns sur les autres, sans être encore plus forts qu'il n'était besoin, nous avons réussi à faire disparaître de la liste deux monopoles, quelque chose de monstrueux pour les esprits libéraux. Tout le monde ici avait appelé de ses vœux la liberté du commerce de la viande et du pain; chacun de nous s'en promettait des avantages certains. Aussi, le jour où fut décidée la suppression des entraves qui gênaient ces industries, où fut proclamée leur libre expansion, c'est presque l'universalité qui applaudit et se félicita. Eh bien! où sont les grands résultats obtenus? La liberté de la boucherie, la liberté de la boulangerie n'ont encore donné en fait satisfaction, ni aux consommateurs, ni aux producteurs, ni, paraît-il, aux gens de la profession. N'est-ce pas étrange? Faut-il accuser la liberté d'impuissance? Non, car, à voir comment la chose s'est faite, on s'aperçoit bientôt que la réforme n'a pas été complète.

L'agriculture n'a pas été plus heureuse avec la liberté ouverte aux rapports internationaux. En lui donnant des concurrents redoutables, plus favorisés qu'elle, on ne lui a donné aucune des facilités dont elle avait besoin pour ne pas souffrir du nouveau régime. Est-ce la faute de la liberté? Non, c'est la faute de ceux qui, la poursuivant dans une direction unique, oublient les autres et ne l'appliquent qu'en partie lorsqu'elle doit être appliquée en totalité. Ce mode n'est pas défectueux, seulement il est dangereux; il a du moins le grave inconvénient de ne pas apprendre au pays à aimer la vraie liberté, de la lui faire redouter au contraire, et de mettre en suspicion contre les libertés partielles dont il pourrait encore se croire menacé.

J'arrive à l'enquête. Longuement sollicitée par les représentants les plus autorisés et les plus éclairés de l'agriculture, l'enquête ne se fera pas seulement pour donner gain de cause à la liberté commerciale; elle se fera pour démontrer par A+B aux plus grands partisans de cette liberté qu'elle n'est point un spécifique unique, une panacée universelle, le seul moyen de prospérité applicable à une nation telle que la nôtre; elle se fera pour montrer dans tout son jour la situation malheureuse de l'industrie mère, et la nécessité de la rendre libre à son tour. Cette besogne faite et bien faite, l'agriculture ne demandera, on l'a dit et il faut le répéter jusque par-dessus les toits, l'agriculture ne demandera ni subventions d'aucune sorte ni protection quelconque. Elle est de son temps; elle regarde en face la liberté : loin de l'effrayer, celle-ci lui apparaît comme sa sauvegarde, comme son plus solide appui. Elle la demande et, soyez-en sûr, elle l'obtiendra. C'est une question de temps. Je sais bien que la chose est grosse, mais elle est juste; elle se fera. Je voudrais seulement que ceux qui croient apercevoir dans l'information qui se prépare un risque imaginaire contre les libertés déjà acquises cessassent de dire tout haut que l'enquête, par ses résultats déjà prévus, escomptés à l'avance, ira nécessairement à l'encontre des espérances de l'agriculture. Cette parole, qui ne peut pas être vraie, n'est ni sage, ni prudente, ni habile. L'agriculture a voulu l'enquête, sachant bien ce qu'elle voulait, pleine d'espoir dans les fruits qu'elle portera, quoi qu'on en dise.

Cependant la situation actuelle de l'agriculture commande quelque chose d'immédiat, et c'est pour atteindre, sans trop attendre, cette nécessité, qu'elle a demandé, qu'elle sollicite avec instance l'élévation du droit fixe non-seulement sur l'entrée du Blé en France, mais sur l'introduction, dans le pays, de tous les produits agricoles.

Aux libres échangistes cette prétention semble excessive, ils lui font l'honneur d'une guerre à outrance, intéressés qu'ils sont à défendre leur œuvre. Je n'ai pas à défendre ici le droit fixe; il trouve devant vous de puissants patrons, des partisans convaincus, des avocats éloquents. Je veux seulement vous faire remarquer, en terminant, que le droit fixe, bien qu'il ait gagné beaucoup de terrain dans ces derniers temps, n'est pas toute la question, il s'en faut; il n'en est que le tout petit commencement. La véritable question, Messieurs, est plus haute et plus large; elle s'appelle, si vous me permettez de dire son nom, elle s'appelle : l'*Égalité devant l'impôt*, et voici en quels termes elle a été dénoncée à l'opinion publique dans l'*Écho agricole* du 17 février dernier.

Le droit fixe! dit M. Em. Bonnemant, le droit fixe sur l'importation des grains étrangers! Tel serait, suivant quelques-uns, le cri de ralliement de la croisade qui paraît s'organiser d'un bout de la France à l'autre.

Non, tel n'est pas ce cri; mais il devrait être celui-ci : « L'égalité devant les charges publiques! »

Ne rapetissons pas la plus grande question qui se soit agitée depuis longtemps.

On nous demande l'alimentation à bon marché; c'est un devoir pour le gouvernement, c'est une bonne pensée à laquelle nous applaudissons de grand cœur, et tous nous devons travailler à la faire passer à l'état pratique.

Nous tous, cultivateurs, nous ne demandons pas mieux que de vendre notre Blé 16 fr., notre viande 1 fr. le kilog.; mais abaissez les lourdes charges qui nous écrasent et faites-nous profiter en proportions équitables aux produits de l'impôt.

Donnez-nous les mêmes avantages que vous avez accordés à l'industrie, au commerce; organisez le crédit agricole, créez l'instruction professionnelle.

Pour nous, nous ne demandons que deux choses : à vivre de notre travail, qui est parfois bien rude, et à ne pas voir s'amoindrir en nos mains la valeur du sol, produit de notre épargne ou de celle de nos pères.

Le prix du Blé est important pour nous, mais à lui seul il ne provoque pas toutes nos souffrances.

La question agricole qui se débat aujourd'hui ne saurait être tranchée par un droit fixe mis à l'importation des Blés étrangers. Nous ne voulons pas plus que les autres marcher à reculons; nous ne voulons pas plus que tous les philanthropes voir le peuple payer ses vivres plus cher. Loin de là, plus nous pourrons lui fournir à bon marché, plus il consommera et, partant, plus nous pourrons augmenter notre production; nous sommes donc directement intéressés à voir l'alimentation à bon marché. Mais nous demandons l'égalité devant les charges, l'égalité dans la répartition du produit des charges.

Tel doit être notre cri de ralliement, et, le jour où nous le voudrons sérieusement, il sera entendu, car on nous a donné le suffrage universel pour faire connaître pacifiquement, légalement les besoins qui sont l'essence même de notre existence.

Que les véritables amis de l'agriculture, que les détenteurs du sol, de ce sol qui représente la patrie, ne cherchent donc point à amener la discussion à la poursuite des infiniment petits, mais qu'ils forment un faisceau pour réclamer ce qui est justice :

Égalité devant les charges publiques, égalité dans la répartition des produits de l'impôt.

Voilà, Messieurs, la grave et importante question que les souffrances de l'agriculture ont posée devant le pays, pour qu'elle soit résolue non plus à la satisfaction d'une industrie spéciale, si considérable qu'elle soit, mais à la satisfaction du pays tout entier.

Pour le moment, et en attendant sa solution générale, je trouve en mon âme et conscience que l'établissement, à la frontière, d'un droit fixe, scientifiquement calculé, sur l'entrée de tous les produits agricoles, sera un acte de justice : je le voterai donc avec ceux qui, sur ce point, sont dans une bonne et sage direction de l'économie politique; je le voterai sans crainte de porter le trouble dans une législation incomplète, car je ne l'attaque en rien dans son principe, heureux de sentir qu'en sauvegardant celui-ci, qui est notre palladium à tous, je viens néanmoins au secours de l'agriculture, qu'il ne faut point laisser périr.

M. Combes — donne lecture de la proposition suivante, qu'il présente en son nom et au nom de MM. Passy, Lecouteux et Wolowski :

« La Société, en présence de l'enquête qui se prépare, maintient sa délibération de 1859, et exprime l'avis que la loi du 15 juin 1861 ne doit point être modifiée.

« Elle est d'avis qu'il y a lieu de rapporter le décret du 25 août 1861, qui, en autorisant l'importation des Blés en franchise temporaire, à charge de réexportation après mouture, diminue les recettes du trésor, sans exercer d'effet utile sur nos exportations. »

La Société décide que les deux propositions de MM. Combes et de Lavergne seront imprimées et distribuées avant la prochaine séance.

M. Becquerel. —La discussion à laquelle se livre dans ce moment la Société centrale d'agriculture, sur la situation actuelle de la propriété agricole, particulièrement sous le rapport de l'avilissement du prix des céréales, est de nature à éclairer le gouvernement sur la route qu'il doit suivre pour venir en aide à l'agriculture, attendu que les membres de la Société qui ont exposé leur opinion à cet égard avec un talent très-remarquable sont les personnes les plus compétentes pour traiter cette question. Quant à moi, ne pouvant le faire avec la même autorité, je me bornerai à lui rappeler, avec de nouveaux développements, les résultats que j'ai consignés dans un mémoire que j'ai présenté à l'Académie le 10 avril 1865, et dont j'ai donné communication à la Société d'agriculture, le 13 du même mois, sur l'ensemencement, la production, le prix et la consommation du Froment en France, en rapport avec la population. Dans ce mémoire, j'ai envisagé la question qui nous occupe sous le point de vue statistique seulement, mais de telle manière que l'on puisse y trouver tous les éléments qui servent de base à la discussion.

Ces documents sont loin d'avoir le degré d'exactitude désirable; néanmoins, tels qu'ils sont, ils peuvent encore inspirer de la confiance, comme M. de Gasparin le pensait également; voici, du reste, comment il s'exprimait à cet égard dans son opuscule sur les céréales : « Nous devons au gou-
« vernement une belle série de recherches statistiques
« coordonnées par les soins persévérants de notre confrère
« M. Moreau de Jonnès, recherches qui présentent sans
« doute une large part d'erreurs, provenant de l'imperfec-
« tion des moyens d'investigation, mais qui, considérées
« dans leur ensemble et sans prévention, me paraissent ap-
« procher souvent de la vérité, par l'effet, sans doute, des
« compensations en plus ou en moins qui sont faites à l'insu
« des agents qui ont fourni les premiers éléments ; c'est
« encore la base la plus exacte sur laquelle on puisse s'ap-
« puyer, en attendant que la statistique déjà si avancée,
« quand il s'agit de combiner, de comparer et de juger, ait
« perfectionné les moyens de recueillir les faits. »

J'ai pensé que, pour saisir plus facilement les rapports qui lient entre eux les divers éléments, il fallait faire des tracés graphiques au moyen des données contenues dans la statistique générale de France et de celles que j'ai obtenues du ministère de l'agriculture et du commerce; mais ces tracés graphiques, en raison des grandes variations qu'éprouvent souvent les éléments qui ont servi à les former soit par suite de l'intempérie des saisons, soit à cause des erreurs commises dans les relevés, laissent difficilement apercevoir les rapports que l'on veut trouver; mais on évite cet inconvénient en cherchant les tracés moyens dans lesquels les grandes variations en plus ou en moins disparaissent, et qui donnent une allure plus ou moins régulière à ces tracés. A l'aide de ces tracés moyens, on saisit immédiatement à l'œil les rapports qui lient entre elles toutes les données numériques.

On a commencé par donner la ligne qui est le lien des nombres représentant la population de la France de 1806 à 1861. On n'a pas remonté au delà, attendu qu'il est reconnu maintenant que les recensements faits avant cette époque ne sont pas exacts, même celui de 1801. On a des doutes également sur celui de 1811, qui accuse un nombre trop fort; du moins l'administration le pense ainsi.

On a fait deux tracés de la population, en prenant pour l'un les nombres donnés par les recensements, pour l'autre les nombres de la table de M. Mathieu qui commence à 1817 et se termine à 1861. Au moyen d'une méthode d'interpolation, il a pu donner la population d'année en année pendant quarante-quatre ans; il n'a pas descendu au-dessous de 1817, dans la crainte que la formule ne fût pas exacte, parce qu'on ne peut compter, je le répète, d'une manière absolue sur le recensement de 1811.

Les deux lignes moyennes de la population présentent entre elles peu de différence; je me bornerai à dire que, de 1856 à 1861, celle qui est tracée au moyen des recensements coïncide à peu près avec la direction moyenne;

ainsi donc, si aucune cause perturbatrice n'intervient, il est probable que la population, qui était de **37,382,225** habitants, pour les **89** départements, en **1861**, sera de **42,139,397** en **1900**; différence en plus, **4,757,172** habitants. Cette différence doit être prise en considération par les économistes, qui doivent s'occuper autant des besoins de l'avenir que du présent. Je me permets cette observation pour qu'on la prenne en considération, dans le cas où l'on chercherait, dans les circonstances actuelles, à conseiller à restreindre la culture des céréales pour se livrer à d'autres cultures.

Le tracé moyen de l'ensemencement doit suivre naturellement celui de la population, auquel on doit le comparer : de la comparaison de ces deux lignes on tire la conséquence que, depuis **1815** jusqu'en **1865**, celle qui représente l'ensemencement est moins ascendante que l'autre; or, comme il est démontré aujourd'hui que la production dépasse en moyenne la consommation, il faut donc que les terres soient plus productives que par le passé, soit parce qu'elles sont mieux cultivées, soit parce qu'on leur donne plus d'engrais.

La production en Froment varie souvent considérablement d'une année à l'autre, comme en **1839**, où elle a été de **64,079,532**, et, en **1840**, de **80,880,421** hectolitres. Aussi le tracé graphique présente-t-il des points de rebroussement très-éloignés les uns des autres; au milieu de ces grands écarts, on est parvenu à obtenir un tracé moyen faisant disparaître toutes les grandes inégalités et qui indique très-bien la marche ascendante de la production, qui s'éloigne de plus en plus de celle de l'ensemencement et de la population. On en aura une idée quand on saura que, de **1827** à **1857**, la production a presque doublé; elle était effectivement, en **1827**, de **56,786,944** hectolitres, et, en **1857**, de **110,426,462**.

Avant **1827**, elle n'avait pas dépassé **61** à **62** millions.

Le tracé graphique de la production a permis de partager

les récoltes en périodes de hausse et en périodes de baisse; une période de hausse est composée de plusieurs années où la récolte a été croissante jusqu'à un maximum, de même qu'une période de baisse est formée de plusieurs années où la récolte a été en diminuant jusqu'à un minimum. Une période de hausse et de baisse consécutives compose une inflexion.

Dans l'espace de quarante-huit ans, il s'est produit quatorze inflexions composées de vingt-six années de hausse et vingt-quatre de baisse. La chance a donc été, chaque année, de 54 pour 100 pour la hausse et de 46 pour la baisse, dans la production.

On a donné ensuite les tracés graphiques des prix moyens du Froment dans les principales généralités de 1756 à 1790 et des dix régions agricoles de 1797 à 1863. De 1790 à 1797, il existe une lacune dans les prix, provenant de ce que, pendant cet intervalle, il n'a pas été tenu de mercuriales sur les marchés.

Ces tracés graphiques, qui s'enchevêtrent souvent les uns sur les autres, sont tellement nombreux, que la vue en est fatiguée; néanmoins il est facile de reconnaître que plus on arrive à l'époque actuelle, plus, chaque année, les prix des régions approchent du prix moyen de la France.

Quant au tracé moyen des prix des dix régions, on a trouvé plus commode, pour la discussion, de prendre les moyennes de dix années consécutives; on saisit mieux les variations de prix d'une décade à une autre. Voici les nombres :

	Fr.	C.
De 1756 à 1765	10	70
De 1766 à 1775	15	92
De 1776 à 1785	14	13
De 1786 à 1796	17	90
De 1797 à 1806	20	19
De 1807 à 1816	21	86
De 1817 à 1825	21	22
De 1825 à 1834	19	22
De 1835 à 1844	19	26
De 1845 à 1854	20	26
De 1855 à 1864	22	32

Dans une décade il peut y avoir de grandes variations de prix. En effet :

Prix moyen de l'hectolitre.

		Fr. C.
1re décade.	en 1815	19 53
	en 1824	16 22
2e décade.	en 1825	15 74
	en 1834	15 25
3e décade.	en 1835	15 25
	en 1844	19 75
4e décade.	en 1845	19 75
	en 1854	28 82
9 années.	en 1855	29 32
	en 1863	19 78

Ces résultats et le tracé graphique montrent bien que, en partant de la première décade depuis **1815**, le prix moyen a été moindre pendant la seconde et la troisième, où il a été le même, et que, pendant la quatrième et la cinquième, la hausse a été telle, que, de **1855** à **1864**, le prix moyen a été plus élevé que dans les quatre premières décades, et notamment depuis la seconde décade de **1825** à **1834**.

Doit-on en conclure que l'agriculture n'a pas à se plaindre? Je ne partage pas tout à fait cette opinion, attendu que les conditions économiques de la vie sont changées; le taux de l'argent est diminué, par cela même que le prix de la main-d'œuvre est augmenté, ainsi que celui de tout ce qui est nécessaire aux besoins de la vie.

En comparant ensemble les tracés des prix les plus élevés, des prix les plus bas et des prix moyens, le premier appartenant à la généralité de Provence de **1756** à **1790**, la moins productive, et à la région du Sud-Est après **1797**, le second à la généralité de Lorraine, puis à la région du Nord-Est, la plus productive après celle du Nord, on voit que, dans la région du Sud-Est comme dans celle du Nord-Est, tout est changé aujourd'hui dans les conditions commerciales du Froment, puisque les prix tendent sans cesse à se rapprocher des moyennes de toute la France. Cet état de choses doit être attribué aux voies de communication, voies ferrées et autres, qui ont rendu plus faciles les relations commerciales de département à département.

On a cherché, pour les prix comme pour la production, quelles étaient les chances de hausse et de baisse de 1815 à 1863.

Pour la production, on a eu, pour les 48 années :

26 années de hausse;

22 années de baisse.

Pour les prix :

24 années de hausse;

24 années de baisse.

Les chances se balancent donc à peu près, si ce n'est qu'il y a eu, dans la production, deux années de plus de hausse que d'années de baisse.

On a donné dans le mémoire le tracé graphique des quantités annuelles de Froment nécessaires de 1815 à 1864 pour la consommation annuelle de l'homme, les distilleries et autres besoins, réparties par habitants, ainsi que celui utour duquel oscille le premier.

En comparant ensemble le tracé de la production et celui de la consommation, on voit immédiatement qu'en moyenne la production dépasse de plus en plus la consommation. Il résulte de là que l'on arrivera probablement à une époque où l'on n'aura plus à craindre probablement des disettes que dans les années à intempéries extraordinaires.

Que conclure de tout ceci? Doit-on supprimer, maintenir ou augmenter le droit fixe? Quel que soit le parti que l'on prenne, l'état de choses actuel, qui alarme les agriculteurs, restera le même. Je pense, néanmoins, que, pour leur donner satisfaction et calmer leurs craintes, il vaut mieux conserver le droit de 50 centimes.

M. de Vogué—accepte les tableaux de M. Becquerel, mais en se réservant de les discuter et de les interpréter. Ainsi M. Becquerel a tracé une loi de progression qui doit continuer sa marche dans l'avenir, si elle n'est dérangée par les événements; mais ces événements sont très-probables et se sont même déjà produits, car il y a à tenir compte, dès aujourd'hui, de la révolution économique de 1861. Les périodes qu'a citées M. Becquerel s'arrêtent à 1864, et il faudrait recueillir des faits plus nombreux pour juger du changement que l'inauguration du libre échange a dû apporter nécessairement dans les situations et dans les calculs.

Au milieu de ce trouble général de tous les intérêts, les plus habiles, les plus puissants se mettent à l'œuvre, cherchent des combinaisons nouvelles, non pas sans doute pour pêcher en eau trouble, mais pour que l'équilibre se rétablisse à leur plus grand avantage. D'autres plus calmes, et moins renseignés, procèdent plus lentement, et ne savent comment conserver les avantages que le temps et le travail semblaient leur avoir assurés. Sans doute le règlement définitif se fera un jour, un équilibre nouveau se consolidera, mais aux dépens des uns et au profit des autres; ce que nous voulons, c'est que l'agriculture, c'est que la propriété du sol ne jouent pas, dans cette grande révolution, un rôle de dupe ou de victime.

Quoi qu'il en soit, et sans revenir sur les points déjà traités par les différents orateurs que la Société a successivement entendus, l'honorable membre constate que les souffrances de l'agriculture ne peuvent plus être contestées. Il votera la proposition de M. de Lavergne, non pas qu'elle le satisfasse complétement, mais parce qu'elle a ouvert une voie nouvelle, en dehors des anciennes luttes de systèmes, et qu'elle repose sur des bases très-sages, très-faciles à faire comprendre par l'opinion publique, et par le trésor lui-même, dont elle sert les intérêts. Ce serait, comme l'a dit l'honorable auteur de la proposition, un impôt populaire que celui qui frapperait les produits de l'agriculture étrangère, à leur entrée en France, d'un droit destiné à compenser les charges de toute nature qui pèsent sur les denrées similaires produites en France. Ce serait justice. En vain opposerait-on à cette mesure d'équité le mot de liberté, qui émeut toujours l'honorable membre. Il refuse à ses adversaires le prestige de ce nom usurpé par un système qui doit s'appeler tout uniment le système de la suppression des droits de douane. En augmentant le revenu des propriétaires russes aux dépens des propriétaires français, on a pu dire que l'on faisait de la protection « à rebours, » on peut ajouter aussi « de la liberté à rebours. »

Ces propositions modérées, prudentes, qui sont un premier pas dans une bonne voie, mais que beaucoup d'agriculteurs trouvent insuffisantes, sont combattues par les libres échangistes absolus, inflexibles, par M. Combes, et même par M. Wolowski.

C'est avec un vif intérêt d'étude et d'observation psychologique, que l'honorable membre a entendu cet homme juste, *justum et tenacem propositi*, comme dit Horace, affirmer, avec une sérénité parfaite, tous les bienfaits que l'agriculture a reçus du libre échange, toutes les prospérités qu'elle doit en attendre. C'est en vain que des cris de souffrance s'élèvent de toutes parts, que les délibérations des sociétés et des comices apportent les plaintes les plus sagement motivées, c'est en vain que les lettres très-intelligentes d'agriculteurs venus de toutes les régions de la France encombrent de leurs doléances les journaux agricoles jusqu'ici les plus favorables au libre échange ; rien ne trouble la béatitude de notre excellent collègue, rien n'interrompt le dithyrambe qu'il continue en l'honneur du système dont il a fait sa gloire. « *Impavidum ferient ruinæ.* » L'honorable membre l'admire ; mais on doit lui permettre une seule observation.

Quand le sage conservait ce calme, vanté par le poëte, c'était sa propre ruine qu'il contemplait sans se troubler, ce n'était pas la ruine de son voisin ; on pourrait ajouter la ruine qu'il avait faite.

En dehors des exagérations de l'optimisme et du pessimisme, les esprits sages tiennent compte des souffrances constatées et des faits nouveaux qui se produisent. Ils savent modifier à propos leur voie s'ils se sont trop avancés à la suite d'un système absolu. Les libres échangistes inflexibles ne sont pas le gouvernement ; et, pour employer une comparaison tout horticole, on peut espérer que les intérêts de l'agriculture seront sauvegardés, comme l'ont été naguère les ombrages du Luxembourg.

L'honorable membre n'apportera dans cette discussion d'autres chiffres que ceux qui ont été publiés, il y a peu de jours, dans le *Moniteur*, et qui donnent, pour les cinq années de 1861 à 1865, le produit total de la récolte des céréales et leur prix moyen. Il complétera ce renseignement par un très-simple calcul. En multipliant, pour chaque année, l'un de ces chiffres par l'autre, on obtient la valeur totale de la récolte, et les résultats suivants :

			Valeur de la récolte.
1861. —	Hectolitres récoltés.....	75 millions.	1,841 millions.
	Prix moyen............	24 f. 55 c.	
1862. —	Hectolitres récoltés.....	99 millions.	2,300 millions.
	Prix moyen............	23 f. 21 c.	
1863. —	Hectolitres récoltés.....	116 millions.	2,320 millions.
	Prix moyen...........	19 f. 78 c.	
1864. —	Hectolitres récoltés.....	111 millions.	1,941 millions.
	Prix moyen............	17 f. 58 c.	
1865. —	Hectolitres récoltés.....	95 millions.	1,564 millions.
	Prix moyen............	16 f. 41 c.	

Ce tableau nous apprend que la valeur de la récolte de 1865 a été non-seulement de 730 et 750 millions au-dessous de celle des années 1862 et 1863, mais encore de 277 millions au-dessous de celle de l'année très-mauvaise de 1861. Un pareil chiffre, en présence de prix qui baissent encore, explique assez les doléances et les inquiétudes des cultivateurs, même en supposant qu'un tiers de la récolte a été employé pour les semences et la nourriture de ceux qui la produisent.

L'honorable membre tient donc à le dire en terminant, ce ne sont pas seulement les bénéfices de l'industrie particulière du fermage, ce ne sont pas seulement les revenus de la grande propriété (bien rare aujourd'hui, en France, heureusement pour elle) qui sont menacés d'une diminution dont le chiffre total a droit de nous effrayer, c'est le revenu, et, par suite, la valeur capitale de la propriété du sol tout entier, partagé entre un nombre infini de propriétaires grands, moyens, et surtout petits ; tous ont besoin de vendre une certaine quantité de Blé, pour subvenir à tous les besoins de la vie, autres que le pain sec, et pour donner aux ouvriers des campagnes les travaux permanents qui les y retiendraient. Cette question d'avenir intéresse donc au plus haut degré tous ceux qui aiment appuyer sur cette base solide de la propriété du sol et de sa culture le bon ordre, la paix et la richesse du pays.

M. Wolowski — a fait les mêmes calculs pour les années qui ont précédé la suppression de l'échelle mobile et, en comparant les résultats à ceux qui ont suivi cette suppression, il a trouvé que les produits en argent avaient été plus considérables depuis la mise en vigueur de la nouvelle législation.

M. Barral — fait observer que des calculs de cette nature n'ont de valeur et de signification qu'autant qu'ils s'appliquent à des années assez rapprochées les unes des autres. En outre, pour que les résultats soient comparables, il faut les ramener à l'hectare ; toute autre méthode est inexacte, en ce sens qu'elle ne fait pas disparaître l'inégalité des cultures. (Voir la suite de la discussion, p. 314.)

M. de Lavergne. — Tout le monde sait que, depuis la dernière séance, une discussion analogue à celle qui est engagée dans la Société a eu lieu sur un bien plus grand théâtre, au corps législatif. Cette discussion a provoqué, de la part du gouvernement, plusieurs déclarations qu'il importe de constater. M. de Forcade la Roquette, vice-président du conseil d'Etat et commissaire du gouvernement, après avoir combattu, dans un discours excellent pour le fond et pour la forme, toute idée de retour à l'échelle mobile, s'est expliqué nettement sur les deux points qui sont soumis en ce moment à l'examen de la Société :

1° Sur la question des acquits-à-caution, M. de Forcade s'est exprimé ainsi (*Moniteur* du 10 mars) :

« Quel est l'effet produit par l'admission temporaire en temps qu'elle ne s'applique pas à un Blé sortant par la même frontière ? L'effet est celui-ci : une prime de sortie au profit de l'exportation dans la limite de 0 fr. 15 à 0 fr. 20. Ce système est-il bon ; est-il mauvais ? Ce système donne-t-il lieu à des critiques ? Eh bien, je suis autorisé à déclarer que c'est un des points sur lesquels l'enquête aura lieu à s'expliquer ; que c'est un des points précis sur lesquels il est nécessaire d'écouter les intéressés, de savoir quels sont les motifs qui peuvent être invoqués, soit pour maintenir ce système de l'admission temporaire, soit pour le supprimer.

« Remarquez que dans cette question l'intérêt du gouvernement serait peut-être du côté de ceux qui demandent la modification du décret de 1861. Car enfin il y a un intérêt fiscal, il y a un intérêt de perception. Ce Blé, qui, au lieu de sortir par Marseille, s'en va sortir par Nantes ou par le Havre, n'a pas à payer le droit. Par conséquent, le ministre des finances pourrait être, à juste titre, préoccupé de la situation et demander que l'intérêt fiscal fût satisfait, que le droit fût établi, que ces transports fictifs de Blé de frontière à frontière fussent abandonnés.

« Ainsi, sur cette question, non-seulement le gouvernement désire que l'enquête soit approfondie et sérieuse, mais il est un des plus forts intéressés dans le débat. »

Quand le gouvernement parle ainsi, il abandonne le décret du 25 août 1861, puisqu'il provoque lui-même la discussion pour le réformer.

2° Sur la seconde question, l'élévation du droit fixe, voici encore ce qu'a dit en propres termes le commissaire du gouvernement :

« Le droit actuel, faut-il le maintenir ? peut-on l'élever ? C'est sur ce point que la discussion reste ouverte.

« Il y a un point sur lequel le gouvernement s'est prononcé : c'est la nécessité d'un droit fixe, c'est l'impossibilité de soumettre le commerce à des variations continuelles. Mais l'élévation du droit sera-t-elle de 0 fr. 50 ou de 1 fr. ? La discussion est ouverte sur ce point ; elle l'est tellement qu'en 1861, lorsque le gouvernement a présenté un projet de loi, il a proposé le droit de 1 fr., et que ce n'est qu'après une discussion approfondie et sur l'examen auquel la commission de la Chambre s'est livrée, qu'on est arrivé à fixer un droit fixe de 0 fr. 50.

« Faut-il revenir sur le chiffre adopté en 1861 ? La discussion est ouverte sur ce point ; on examinera jusqu'à quel point il est possible d'élever le droit, l'enquête nous indiquera une solution à cet égard ; mais, quel que soit le chiffre du droit auquel on s'arrêtera, ce devra être à la condition que ce droit sera fixe, qu'il ne sera pas une échelle mobile déguisée. »

Ici encore, M. le vice-président du conseil d'État ne maintient, au nom du gouvernement, que le principe du droit fixe; pour le chiffre de ce droit, il s'en remet à l'enquête, il ne défend pas le chiffre actuel.

Le gouvernement ne partage donc pas l'opinion qu'exprimait, dans la dernière séance, M. Antoine Passy. « Ce n'est pas à nous, disait M. Antoine Passy, à indiquer un chiffre. » Le gouvernement, au contraire, vous invite lui-même à l'indiquer, et il se déclare prêt à accepter celui qui résultera de l'enquête, à la seule condition que ce ne soit pas une échelle mobile déguisée.

M. de Lavergne est tout à fait de l'avis du gouvernement à cet égard ; il ne veut pas, lui aussi, d'une échelle mobile déguisée, et c'est pour ce motif qu'il a repoussé tout droit assez élevé pour qu'il ne soit pas possible de le maintenir en temps de cherté.

Une seule des assertions de M. le commissaire du gouvernement paraît erronée à M. de Lavergne; c'est l'estimation qu'il a donnée de l'impôt payé par le Blé français. Pour arriver à ce résultat, il a divisé l'impôt foncier afférent aux terres arables par 27,740,000 hectares, et le produit moyen de l'hectare de Blé étant évalué à 14 hectolitres 29 litres, l'impôt payé par le Blé français ressort, dit-il, à 34 centimes par hectolitre.

D'abord il serait possible de contester ce chiffre de 27,740,000 hectares de terres arables; il n'est pas d'accord avec d'autres documents émanés aussi du gouvernement et qui le portent seulement à 26 millions d'hectares. Mais acceptons, sans la discuter, l'évaluation de M. le commissaire du gouvernement.

Par une singulière inadvertance, M. le commissaire du gouvernement a oublié que la totalité des terres arables ne portait pas du Blé à la fois; si 27,740,000 hectares portaient à la fois 14 hectolitres 29 litres de Blé, nous en récolterions près de 400 millions d'hectolitres.

Or nous n'en récoltons que le quart, dont il faut encore déduire les semences. Le Blé n'occupe en réalité que le quart des terres arables, un autre quart est en jachère morte qui ne rapporte rien, un autre quart rapporte de petits grains dont une grande partie (l'Avoine) sert à nourrir les animaux de travail, le dernier quart porte principalement des fourrages qui servent aussi à nourrir les animaux de travail.

Tout compte fait, un hectare de Blé doit payer l'impôt de 3 hectares sur 4; multipliez 34 centimes par 3, et vous arrivez, même en adoptant les bases de M. le vice-président du conseil d'Etat, à 1 fr. par hectolitre, c'est-à-dire à l'évaluation de M. de Lavergne.

M. Bella. — Lorsqu'en 1864 j'ai appelé votre attention sur la situation de l'agriculture, j'ai posé la question sur son véritable terrain.

Les chemins de fer et la navigation, plus encore que la législation de 1861, avaient transformé le régime économique de notre industrie rurale.

La concurrence nous trouvait mal préparés :

1° Terres plus chères que chez nos concurrents;

2° Champs morcelés, impossibilité des machines;

3° Domaines mal disposés, surveillance impossible;

4° Transports agricoles dix à quatorze fois trop élevés;

5° Main-d'œuvre rare, difficile et chère;

6° Engrais trop coûteux;

C'est-à-dire une culture réellement plus dispendieuse.

Je voyais la gêne monter, la souffrance s'étendre, se généraliser.

Je montrais la nécessité d'étudier les moyens d'atténuer ces causes diverses.

Je désirais placer notre Société dans son vrai rôle, à l'avant-garde des grands intérêts de l'agriculture.

Malheureusement il fallait, pour cela, discuter :

1° La constitution de la propriété;

2° La répartition des impôts et des octrois;

3° La centralisation;

4° Nos institutions de crédit et nos systèmes d'emprunt;

5° L'influence de nos grands travaux publics.

Cette étude vous parut trop grave, trop sérieuse, trop longue, vous la renvoyâtes à plus tard, à une *enquête*.

Qu'est-il arrivé? La question a grandi, elle s'est posée partout : de la presse agricole elle s'est étendue à la presse politique; des conseils généraux au discours de l'Empereur; du corps législatif au sénat; et, lorsque vous êtes enfin prêts à discuter dans son ensemble cette grande question qui s'est imposée au pays tout entier, vous en détachez une parcelle!

Il est vrai que c'est notre honorable vice-président qui vous a demandé cette dérogation; à tout seigneur tout honneur! mais la logique?...

Comment demander un remède : l'élévation du droit fixe de 50 centimes par 100 kilog. dont sont frappés les Blés étrangers, avant de constater la situation de notre agriculture, sans en discuter les causes générales?

S. E. le ministre d'État lui-même est prêt à reconnaître que nos grands travaux publics et notre système d'emprunt ont pu rompre l'équilibre entre nos grandes industries et gêner l'agriculture, et vous vous bornez à discuter ce qui a trait au droit fixe, à un détail.

Ce détail ne devait venir qu'à sa place; aussi nos confrères ont-ils, pour la plupart, discuté la situation et ses causes, c'est-à-dire les huit premières questions de l'enquête.

Permettez-moi donc de les suivre sur ce terrain plus large; au point où en est la discussion, tout l'intérêt reste encore sur l'ensemble des huit premières questions de l'enquête que vous avez ouverte.

Un grand rapprochement s'est produit, il est vrai. Les libres échangistes modérés, comme les protectionnistes se modérant, demandent un droit fixe de 1 fr. 25 pour 100 kil. sur les Blés étrangers; il faut applaudir à cet esprit de conciliation.

Mais il est évident que, si MM. Wolowski, Combes, Passy et Lecouteux croyaient 1° que l'agriculture est vraiment malade, 2° que les diverses causes autres que la législation de 1861 ne sont pas pour beaucoup dans ses souffrances, 3° que la législation a exercé une influence sur la dépréciation, ils ne demanderaient pas le *maintien pur et simple de cette législation.* Il faut donc insister sur la situation.

SITUATION.

Malheureusement (et cela est désolant!) c'est sur le fait même de la souffrance que nous sommes le moins d'accord.

Il y a entre nous de grandes divergences, parce que nous sommes tous influencés par nos milieux.

Cela n'implique pas la sincérité de nos convictions, mais cela prouve qu'en cherchant, qu'en étudiant on découvre la distance qui sépare toujours les préceptes de leurs applications.

Ceux qui vivent à la ville exclusivement occupés de science ne voient que les grands principes qu'elle enseigne; avec une conviction égale à leur talent, ils nous assurent que tout est au mieux, que les faits dépassent leurs espérances.

Ceux qui cultivent dans des contrées qui ont échappé à la crise sont moins satisfaits, mais ils ne sentent encore aucune raison suffisante pour renoncer aux grands principes; ils sont disposés à tout attendre du progrès, de la science, des lumières et d'une grande réforme.

Ceux qui voient le mal de plus près ont été poussés à chercher un remède, un palliatif, une satisfaction qui n'entament pas trop ces grands principes, et ils l'ont trouvé dans un droit fixe plus élevé (pas protecteur, mais fiscal).

Ceux enfin qui (en petit nombre peut-être) souffrent voient la ruine, crient à l'aide. Ils ne nient pas les principes, mais ils demandent qu'on en réserve l'application pour des circonstances plus heureuses. Ils demandent un remède immédiat, un droit sous un nom quelconque; ils accepteraient un droit, fût-il fiscal; une protection, fût-elle provisoire; un soulagement, ne fût-il qu'un palliatif.

Lesquels sont dans le vrai? Cela dépend de la situation vraie de l'agriculture. La vérité sur cette situation est donc ce qu'il importe le plus de constater.

Permettez-moi d'examiner succinctement les arguments qui ont été avancés au sujet de la situation.

I. — Mais, dit-on, le Blé ne représente qu'un tiers des produits de l'agriculture! C'est possible, personne ne le sait; mais, ce qui est certain, c'est que ce tiers est le *but principal* de la production en France, et que les deux autres tiers ne sont, en général, que les moyens d'y arriver.

Si le Blé est en perte, il ne peut payer avantageusement :

1° Le travail des cultivateurs et, par conséquent, les fruits, les légumes, le laitage prélevés sur les produits de la terre pour l'alimentation des ouvriers agricoles;

2° Le travail des animaux de trait, et par conséquent, l'Avoine, les fourrages, les pailles consommés par les animaux;

3° Les engrais qui forment aujourd'hui un principal produit des bestiaux.

Le Blé en perte, c'est donc l'agriculture en perte.

II. — Les exportations de nos denrées animales sont sans cesse croissantes !

Il ne faut pas s'exagérer ces avantages :

Ce ne sont malheureusement encore que des excédants faibles relativement.

Une vente abondante et à bas prix n'est pas toujours, d'ailleurs, une preuve de prospérité de la part du vendeur.

Le paysan mange souvent plus de pain blanc quand il est cher que quand il est à bas prix, parce qu'il lui faut vendre davantage de Blé déprécié pour payer ses propriétés et l'impôt.

III. — Les ouvriers ne souffrent pas !

Parce qu'ils sont soutenus par la grande et la moyenne culture, obligées de les payer cher, bien qu'elles perdent; les ouvriers ne souffrent donc pas, mais ils vivent aux dépens du capital agricole. On pourrait même dire que l'agriculture souffre d'autant plus qu'ils souffrent moins! mais ils seront ruinés avec elle.

IV. — Les métayers souffrent peu !

Parce que leurs associés, les propriétaires prennent pour eux la majeure partie du déficit. Mais, dans ce cas, les propriétaires sont agriculteurs. Quand ils souffrent, c'est l'agriculture qui souffre.

V. — Les fermiers payant en nature ne souffrent pas non plus !

Il en est de même, avec cette excellente et équitable combinaison qui associe les propriétaires aux cultivateurs, dans les années de crise comme dans les temps de prospérité : les fermiers souffrent peu relativement, parce que leurs propriétaires souffrent davantage.

Mais l'agriculture n'en est pas moins souffrante.

En ces questions on aurait tort, d'ailleurs, de se baser sur des moyennes, sur des chiffres moyens. Il faut voir aussi les extrêmes qui les constituent.

Ce déficit de 2 p. 100 en moyenne, déclaré par le *Moniteur*, cache des déficit de 25 p. 100 !

Et ce sont précisément les départements méridionaux qui souffrent le plus du déficit, qui souffrent le plus de la dépréciation des Blés.

Ils souffrent doublement, parce qu'ils produisent plus chèrement, par suite des conséquences de leur climat.

La Vigne, leur principale richesse, occasionne une énorme exportation de matières fécondantes par le vin.

L'extension des ensemencements du Blé n'est pas non plus signe de prospérité.

Les cultivateurs savent bien qu'ils auraient avantage à les réduire, qu'ils diminueraient ainsi leurs prix de revient en augmentant le produit moyen de l'hectare.

Mais, pour cela, il faut plus de capitaux d'exploitation qu'ils n'en ont.

Cette extension des ensemencements, c'est, trop souvent, la réalisation d'épargnes, d'avances confiées au sol.

Le fermier qui liquide défriche ses prairies et sème du Blé.

Ce qui tend à le prouver, c'est que l'importation de bétail gras s'accroît, mais que celle de bétail maigre et jeune diminue.

	1863.	1864.	1865.
Poulains.............. ...	2,075	2,891	2,036
Bouvillons et taurillons...	4,409	4,793	2,090
Veaux et génisses.........	50,176	52,287	46,246
Porcelets................	121,763	80,360	77,561

Mais ce qui prouve le mieux la souffrance, le manque d'équilibre, c'est la diminution de la population dans les campagnes et son accumulation dans les villes.

La ville, c'est la richesse mobilière dégrevée par l'impôt.

La campagne, c'est la richesse immobilière trop grevée.

Un illustre homme d'Etat disait dernièrement que la richesse mobilière est le signe évident du progrès social.

Mais c'est vrai pour les campagnes comme pour les villes.

Or la richesse mobilière des campagnes est constamment drainée :

1° Par un système centralisateur,

2° Par l'impôt de l'enregistrement,

3° Par l'appât des valeurs cotées à la bourse.

C'est surtout au point de vue de la diminution de la richesse mobilière qu'il faut voir la souffrance de l'agriculture.

Mais dans quelques régions cette souffrance atteint directement la population : notre savant confrère M. Wolowski disait que les départements qui souffrent le plus ne possèdent que 4,000,000 d'habitants.

C'est déjà énorme, mais supposons qu'un million seulement soit tombé dans la misère, c'est encore trop pour qu'on ne recoure pas à tous moyens, même exceptionnels et provisoires, pour le secourir.

Il y a, pour cela, deux excellentes raisons : la raison d'humanité d'abord, la meilleure en France; la raison d'Etat ensuite, car ce sont des contribuables, des électeurs et des soldats.

Causes.

Les documents publiés par le *Moniteur* du 5 mars confirment l'opinion qui veut qu'elles résident exclusivement dans l'abondance exceptionnelle des trois dernières récoltes; il est certain que 1863 et 1864 ont apporté à la France des récoltes exceptionnelles.

Il faut observer, cependant, que le *Moniteur*, en faisant disparaître le déficit moyen de 10 p. 100, annoncé par l'exposé de la situation de l'empire, sur la récolte 1865 et en l'établissant à 95,431,028 hectolitres, dit que ces chiffres ne sont pas encore certains.

Mais supposons-les exacts; ils ne représentent pas moins des Blés moins lourds, de moindre qualité, ils représentent moins de kilogrammes de pain que dans une année moyenne.

Il y a donc une correction à faire sous ce rapport.

Il faut ajouter que l'hectare moyen a produit en moyenne pendant ces dernières années :

	Hectol.		F. C.		F. C.
En 1861.............	11 22	×	24 55	=	275 45
En 1862.............	14 43	×	23 24	=	235 35
En 1863.............	16 88	×	19 78	=	333 88
En 1864.............	16 15	×	17 58	=	283 93
En 1865.............	13 85	×	16 41	=	227 27

Tandis qu'avec un produit moyen de 14 hectolitres par hectare et un prix moyen de 20 francs le produit argent devrait être de 280 francs.

C'est un déficit, pour l'agriculture, de 53 francs sur 6,866,000 hectares, surface moyenne des ensemencements en Blé, soit 263,898,000 francs.

Sans doute, elle en a subi souvent de plus forts, sans éprouver le malaise actuel. Mais il ne faut pas oublier dans ces comparaisons :

1° La dépréciation monétaire,

2° Le manque toujours croissant de la main-d'œuvre,

3° L'élévation considérable des salaires,

4° L'accroissement des impôts,

5° L'action des emprunts sur les capitaux agricoles.

Il faut surtout tenir compte de tout ce qui a préparé la situation :

1° Le morcellement de la propriété,

2° L'absentéisme des propriétaires,

3° Le manque de capitaux,

4° L'échelle mobile elle-même trop longtemps prolongée qui, par la concurrence qu'elle a suscitée entre les cultivateurs, a fait élever la valeur locative et la valeur vénale des terres, le prix du travail et celui des engrais.

Les chiffres mêmes représentant les prix de l'hectolitre de Blé à diverses époques sont donc une mauvaise mesure des causes de la souffrance.

Mais j'en viens à la loi de 1861.

La législation nouvelle a agi de deux manières: indirectement et directement.

Indirectement par une influence toute morale ; les cours, les mercuriales sont le résultat de l'offre et de la demande ; cette demande et cette offre sont suscitées non-seulement par des besoins immédiats, ou par des excédants immédiatement disponibles, mais encore par l'idée plus ou moins fondée, que vendeurs et acheteurs, producteurs, *spéculateurs* et consommateurs se font des besoins plus ou moins éloignés, comme des excédants plus ou moins certains et disponibles plus ou moins tard.

C'est ainsi que l'apparence des récoltes, tant dans le pays qu'au dehors et même très-loin, exerce son influence sur les cours.

Si on se trompe dans cette appréciation, c'est bien l'offre et la demande qui établiront les prix, mais cette offre et cette demande ne seront pas ce qu'elles devraient être, et les prix ne seront pas l'expression réelle des faits.

En 1846, une fausse sécurité sur l'état de la récolte a maintenu trop longtemps le prix du Blé au-dessous de ce qu'il aurait dû être.

En 1862, au contraire, une espèce de panique a trop longtemps élevé les cours et a fait introduire trop de Blés étrangers.

Et aujourd'hui l'offre et la demande sont influencées par une simple théorie nouvelle chez nous.

On a tant dit que notre nouvelle législation doit empêcher les grandes *hausses* et les fortes *baisses*, que les acheteurs sont convaincus qu'ils n'ont pas à s'inquiéter du déficit de 2 à 10 pour 100, laissé par la récolte 1865.

Ils ne veulent acheter qu'au jour le jour, ils ne font plus de marchés à livrer !

Et, d'un autre côté, les vendeurs, désespérant de voir remonter les cours, ne cherchent plus à les soutenir, ils vendent au fur et à mesure.

On consomme donc les Blés comme s'ils étaient en sura

bondance. Cette confiance d'une part, cette désespérance d'autre part, non justifiées ni l'une ni l'autre, créent donc une grande souffrance et un grand danger!

Cette théorie n'est nullement justifiée par l'expérience qui s'est produite en Angleterre. Depuis 1820, les plus grandes oscillations du marché anglais se sont produites depuis et non avant 1846, époque du rappel des *corn-laws.*

Ainsi, de 1851 à 1855, le quarter de Froment a varié de 38 à 74 sh. La guerre de Crimée peut, il est vrai, y être pour quelque chose, mais, de 1851 à 1861, le quarter a varié de 38 à 55 sh. C'est 43 pour 100.

Toute émotion publique peut donc réagir sur les cours.

Faut-il admettre que les choses ne se passeront pas en France comme en Angleterre?

Les îles Britanniques sont découpées par des golfes et des fleuves navigables. Les transports maritimes arrivent souvent jusqu'au cœur du pays et y apportent au plus bas prix possible les Blés étrangers.

Les oscillations y devraient donc être moins fortes qu'en France.

Car c'est l'élément, production intérieure, qui fait varier le plus les mercuriales ; c'est l'élément, production extérieure, qui doit les modérer.

Les oscillations du Blé devraient donc être plus fortes en France qu'en Angleterre.

Nous apprécions donc très-mal l'influence de notre nouvelle législation, et cette vérité, on devrait l'afficher à la porte de toutes les mairies.

Il faudrait remonter le moral des cultivateurs pour que nos cours suivissent au moins les cours anglais.

Ceux-ci ont varié, en 1865, de 16 à 20 fr. l'hectolitre. Les nôtres n'ont pu faire 1 fr., malgré l'annonce officielle d'un déficit de 10 pour 100.

Jamais on n'a vu pareille torpeur du marché, au passage d'une bonne récolte à une récolte en déficit.

On dit que cela tient à l'agitation de l'agriculture; c'est déplacer les causes et les effets.

C'est la publication et peut-être l'exagération de nos excédants qui produisent cet effet non-seulement en France, mais aussi sur les marchés étrangers.

C'est la souffrance, conséquence de cette torpeur du marché, qui a produit l'agitation.

Mais il ne faut pas se le dissimuler, notre nouvelle législation a exercé aussi une influence *directe* sur la dépréciation des Blés.

C'est, il est vrai, une question délicate, controversée, et qui a été résolue négativement par de hautes autorités.

Je voudrais me soumettre à leur jugement, mais ma conviction s'y refuse.

J'ai sous les yeux des journaux, des documents commerciaux. Tous notent minutieusement les apparences des récoltes, les restants en magasin, à Dantzig, à Odessa, à Chicago, etc. Les prix sur les diverses places de commerce, les frets et frais de transports, les besoins matériels et les besoins d'argent, la prospérité des affaires, le change, etc., etc., tout y est enregistré.

Ce n'est pas par vaine curiosité, je suppose; c'est parce que nous pouvons acheter et vendre ailleurs que chez nous.

Nous importons d'autant plus, que la différence des prix est plus grande entre nos marchés et les marchés étrangers; que nos besoins en céréales sont plus grands et que nous sommes plus riches; que les frais de transport sont moindres; que les droits de douane (et autres entraves qui agissent exactement comme des frais) sont moindres aussi.

Nous exportons d'autant plus, que nos excédants sont plus forts, que nous sommes plus gênés, qu'on a plus besoin de nos produits, qu'on est plus riche pour nous les bien payer.

Or, comme les chemins de fer et progrès de la navigation

ont rapproché toutes les distances, il n'y a plus qu'un seul marché, *le marché du monde*.

Toutes les offres, toutes les demandes qui s'y produisent modifient les cours avec une efficacité proportionnelle à leur importance, à leur énergie, en raison inverse des distances, des frais de transport, des droits de douane, etc.

Nier cela, ce serait, ce me semble, nier la raison d'être de notre nouvelle législation.

Et c'est en ce sens que M. de Vogüé a pu dire : Ce ne sont pas seulement les Blés qui entrent qui font baisser nos prix, ce sont aussi ceux qui pourraient entrer si nos prix haussaient.

Sa formule est très-incisive, *trop crue* peut-être, mais elle dérive d'un principe vrai.

Maintenant on peut se demander si l'influence des Blés qui pourraient entrer en cas de hausse est très-grande.

Cela doit varier suivant les lieux et suivant les années.

Dans le Nord, où la production est élevée, variée, assurée, nos voisins immédiats sont nos concurrents pour l'achat plus que pour la vente.

Nos voisins médiats produisent à meilleur marché, mais sont séparés par de grandes distances et par des chemins de fer qui transportent à assez haut prix.

Nos bonnes récoltes y ont laissé, d'ailleurs, un excédant qui pèse peut-être autant sur les marchés étrangers que ceux-ci pèsent sur les nôtres ; l'influence des Blés étrangers y doit donc être bien minime en ce moment.

Mais dans le Midi les choses se présentent tout autrement.

Les rendements y sont généralement faibles, la production y est mal assurée et coûteuse. On y est en contact de vendeurs produisant et surtout transportant à bon marché.

Là les Blés étrangers qui *pourraient entrer* pèsent donc sur le marché intérieur.

Et ce qui le prouve, c'est qu'ils entrent malgré la baisse et qu'ils alimentent la Provence et le bas Languedoc, débouchés naturels du haut Languedoc. De sorte que, dans ce haut Languedoc, les Blés sont à un prix inférieur à celui des Blés étrangers, à Marseille, de tous les frais de transport qu'il faut faire pour les porter sur leur débouché ordinaire.

Et l'importation est d'autant plus grande que le trafic des *acquits-à-caution* permet d'éluder le faible droit de 0 fr. 50 par 100 kilog.

Et comme la récolte a été très-mauvaise, comme la dépréciation gagne les vins, comme les Mûriers ne donnent plus rien depuis longtemps, comme les Oliviers n'ont rien produit, le Midi peut dire que notre nouvelle législation est pour lui une cause de grande souffrance.

Eh bien, il ne faut jamais laisser dire et laisser croire que c'est la loi qui a tort.

Une preuve que la plainte du Midi est fondée, c'est que, depuis deux ans, les prix de la paille n'y suivent plus du tout ceux du Blé.

Dans le Midi, il n'en est pas comme dans le Nord. Les années humides qui produisent beaucoup de grains produisent aussi beaucoup de Blé; les prix de la paille suivent ceux du Blé.

A ces diverses considérations qui impliquent évidemment l'action directe de notre nouvelle législation, il convient, d'ailleurs, d'ajouter qu'elle n'a pas encore eu le temps de bien fonctionner; en effet, en 1864 et 1865, nous n'avons fourni, malgré l'heureuse influence que notre meunerie a exercée sur les exportations, que 14 p. 100 du déficit anglais.

C'est bien au-dessous de ce qu'on espérait du commerce français et c'est une circonstance dont il faut tenir compte à notre agriculture.

Remède.

Il faut donc, en attendant d'autres remèdes plus radicaux, plus efficaces, que l'enquête, *la grande enquête*, fera surgir, recourir à un moyen *palliatif* peut-être, mais qui doit agir immédiatement.

Immédiatement parce qu'il doit agir sur le moral des acheteurs et des vendeurs.

Ce remède, c'est un droit fixe plus élevé; qu'il ne soit que provisoire si on veut; pour moi il doit être moins un remède durable qu'un palliatif agissant de suite.

A ce moyen on objecte que les agriculteurs ne peuvent se mettre d'accord sur la quotité du droit; ce désaccord doit être, parce que nos prix de revient sont très-variables.

L'impôt foncier lui-même est extrêmement variable d'un lieu à un autre; notre désaccord ne prouve donc rien.

Et je suis prêt à avouer que, selon moi, l'impôt foncier est une mauvaise base pour déterminer le droit fixe à demander:

1° Parce que les Blés étrangers en payent aussi ;

2° Parce que nos prix de revient ne seraient pas moindres si l'impôt foncier n'existait pas, comme l'a démontré M. Wolowski ; la concurrence aidant, la valeur du service productif et la valeur des terres seraient bientôt plus élevées de tout l'impôt que la terre ne payerait pas.

Notre industrie rurale est ainsi constituée que la concurrence y est excessive.

C'est en temps de disette que la main-d'œuvre est au plus bas prix, tandis que ce devrait être le contraire, puisque alors le prix de la vie est plus élevé.

Le morcellement a exagéré le prix de la terre, en diminuant son service réel. N'oublions pas le fait signalé par le comte de Casabianca : sur 7,000,000 de propriétaires français, 3,000,000 dans la misère (1) !

Le nombre des cultivateurs pauvres est trop grand pour qu'ils ne se fassent pas une concurrence absurde.

C'est une grande et triste vérité qu'il faut avoir toujours devant les yeux, si on veut comprendre la situation de l'agriculture française.

Mais, si éloquente qu'ait été la démonstration de M. Wo-

(1) Rapport du comte de Casabianca au sénat, au sujet du projet du code rural.

lowski, elle n'a pas diminué les charges énormes qui pèsent sur l'agriculture.

Ce sont ces charges qu'il faut contre-balancer immédiatement par un moyen empirique, par un palliatif, en attendant les remèdes sérieux qui doivent résulter de la grande enquête.

L'agriculture est dans la situation d'un entrepreneur qui ne peut accomplir les conditions de son cahier des charges, parce que la loi a changé les conditions dans lesquelles il devait opérer.

C'est sous le régime des hauts prix que toutes ses valeurs ont été établies, que l'offre et la demande ont réparti les produits de l'agriculture entre les entrepreneurs et les manœuvres, entre l'état hypothécaire de l'impôt et le propriétaire, entre le fermier et le propriétaire.

L'*impôt* était calculé sur une certaine récolte par hectare de Blé à 20 francs l'hectolire, et dans le Midi il reste exigible, invariable, alors que la récolte tombe à 12 hectolitres et le prix à 15 ou 16 francs.

Les loyers étaient stipulés en une certaine quantité de Blé à 20 fr. environ par hectolitre, puis en une certaine somme fixe d'argent; ils restent les mêmes, bien que le produit argent ait bien diminué.

Le cultivateur avait consenti à payer les impôts au lieu et place du propriétaire en même temps que les loyers, alors que la main-d'œuvre était à bon marché; les impôts ont augmenté et les loyers restent les mêmes, quand la main-d'œuvre monte de 50 p. 100.

De là une gêne très-grande chez les cultivateurs et la nécessité d'un remaniement des valeurs, d'une sorte de liquidation entre les ayants droit et associés qui se partagent les productions de l'agriculture.

Cette rectification exigeait du temps; il fallait que les contrats prissent fin et se renouvelassent sur les nouvelles bases établies par la concurrence.

Une transition était donc nécessaire ; on ne l'a pas ménagée, et il faut craindre que la liquidation s'accomplisse brusquement dans de déplorables conditions.

Voilà la cause du mal et le grand danger !

A mon sens, ce n'est pas l'impôt foncier qui peut fournir le chiffre du droit fixe : c'est un principe de justice distributive.

M. Wolowski, dans le remarquable plaidoyer que vous avez entendu et que j'ai écouté avec le plus vif intérêt, a avoué qu'il n'était pas aussi radical qu'on pouvait croire, et qu'il admettait comme un grand bienfait la transition accordée à l'industrie manufacturière, sous la forme d'un droit de 10 à 12 p. 100. C'est ce qu'il faut, et pour les mêmes raisons, demander pour l'agriculture.

10 p. 100 de 20 fr., c'est 2 fr. par hectolitre de Blé.

C'est ce droit qu'on pourrait, qu'on devrait demander en se basant sur les principes de la justice distributive. — Car la protection accordée à la manufacture, c'est en grande partie la protection accordée à la ville ;

A la ville qui s'accroît aux dépens des campagnes !

Mais dira-t-on que le gouvernement n'a pas le droit de prendre dans la poche des consommateurs pour mettre dans celle des cultivateurs ?

Il faut s'entendre une bonne fois sur ce point.

Quand il s'agit de *droits, d'impôts, d'octrois*, les libres échangistes s'élèvent contre ; ils n'auraient pas tort si on pouvait se passer d'impôts.

Mais les uns disent : on ne peut protéger ; la protection est donc inutile, nuisible ; tandis que les autres objectent qu'il est inique de prendre aux consommateurs pour donner aux producteurs ; c'est une contradiction manifeste.

Lesquels sont dans le vrai ?

En principe, les *droits*, les *impôts*, les *octrois* élèvent la valeur en échange des objets qu'ils grèvent ; ils nuisent donc à la consommation comme à la production qui est liée à la consommation.

Il faudrait les supprimer s'ils n'étaient nécessaires.

Mais ils sont nécessaires pour subvenir aux frais généraux de la nation, pour sa défense et son amélioration. — C'est là que gît la compensation.

Les pays étrangers seuls ont donc à se plaindre des droits de douane qui ne leur profitent pas, s'ils sont bien employés pour le pays qui les perçoit; et de même, les campagnes seules ont droit de se plaindre des octrois perçus au profit exclusif des villes.

En fait, l'agriculture, avec ses 25 millions d'âmes, est le consommateur le plus important du Blé comme aussi des objets manufacturés dont la valeur est élevée par droit de 10 à 12 p. 100.

L'agriculture est lésée, en outre, par les villes, qui prélèvent sur elle un octroi considérable.

Elle est lésée, enfin, par la centralisation, dans les villes, de l'administration qu'elle paye, de l'armée qu'elle paye, de la justice qu'elle paye.

Elle souffre puisque sa population décroît au profit des villes; l'équilibre est donc rompu, et il faut le rétablir, parce que, comme l'a dit l'Empereur, tout prospère en un pays où florit l'agriculture.

Conclusion.

Je me résume : le mal est réel, il est grand; il faut y porter remède.

Ce remède peut agir immédiatement, parce que le mal est en partie moral.

Un droit fixe équitable, c'est-à-dire égal à celui des manufactures, mais à *titre provisoire*, diminuant successivement, comme les droits sur les étoffes, sur les fers, etc.; diminuant aussi comme les *octrois*, suffirait pour rétablir l'équilibre et pour relever les cours.

L'agriculture est moins protectionniste qu'on le pense; elle est prête à crier : *Vive la liberté des échanges, pourvu qu'elle soit égale pour tous !*

M. Wolowski—signale les différences fondamentales qui séparent les deux propositions de MM. Combes et de Lavergne. Le premier se prononce pour le *statu quo*, tandis que le second regarde l'élévation du droit fixe à l'importation des céréales étrangères comme un remède à la situation qui pèse sur les agriculteurs. C'est là une illusion, car l'élévation insignifiante que propose M. de Lavergne n'aura aucune influence; mais cette mesure n'aurait pas moins une grande portée, car elle marquerait le premier pas dans une carrière que l'honorable membre ne veut pas parcourir, et qui aboutirait au système protecteur. M. dê Lavergne repousse, il est vrai, cette conséquence, et le droit fiscal qu'il propose ne serait, suivant lui, que la compensation des charges que supporte l'agriculture nationale; mais là est l'illusion. En effet, un droit fiscal ne conserve ce caractère qu'à la condition de ne pas porter sur des produits similaires, affranchis d'une taxe analogue; autrement le droit fiscal conduit à surélever le prix de vente des objets pareils produits à l'intérieur, et il devient, en réalité, un droit protecteur. C'est ainsi que l'ont entendu Cobden et Bastiat; ils ont admis les droits fiscaux, qui créent au trésor une ressource précieuse, alors qu'ils frappent sous une forme analogue les produits du dedans, ou bien qu'ils sont perçus sur des objets qu'on ne crée point à l'intérieur. Telle est la pratique de l'Angleterre; les droits fiscaux, qui y rapportent 600 millions de francs, portent presque en totalité sur le thé, le café, le sucre et le Tabac; or l'Angleterre ne produit aucune de ces denrées, et, si elle impose des droits élevés sur les spiritueux, il faut remarquer que ses produits similaires sont assujettis aux mêmes taxes. Quant au droit d'entrée sur le Blé, il est d'un schelling (1 fr. 25 cent.) par quarter (environ 3 hectolitres); c'est l'équivalent du droit fixé chez nous par la loi de 1861. Établi sur d'autres bases, le droit fiscal se transformerait en un droit protecteur; c'est pourquoi l'honorable membre repousse la proposition de M. de Lavergne.

On a dit encore que les produits étrangers devaient payer un impôt égal à celui que la terre acquitte chez nous; mais, en étudiant de près la nature de l'impôt foncier, on verrait que cette charge, quelque lourde qu'elle paraisse, ne grève guère le propriétaire actuel; en résumé, l'impôt foncier est égal à une redevance sur la partie du prix que les détenteurs actuels n'ont pas payée à ceux dont ils tiennent leur propriété. Que l'impôt foncier disparaisse, et le fermier, au lieu de verser l'impôt au trésor, le versera, comme augmentation du bail, entre les mains du propriétaire; les conditions de la culture n'auront pas changé.

Les intérêts de l'agriculture nous sont chers à tous, mais ils sont diversement compris : les uns pensent qu'un droit de douane suffirait pour donner satisfaction aux cultivateurs; les autres demandent que les droits de mutation soient diminués, que les échanges soient facilités, que le crédit agricole soit organisé, que la viabilité rurale soit améliorée, etc., etc. C'est de ce côté que se range l'honorable membre. Il ne nie pas les doléances de l'agriculture, mais il croit aussi qu'elles ne datent pas d'hier. En 1848, les plaintes n'étaient pas moins vives qu'aujourd'hui; le même fait s'est également produit en 1825. Ne disait-on pas alors à la chambre des députés : « Pourquoi tant de misère dans nos campagnes? pourquoi nos denrées sans consommateurs, et notre bétail invendu?... » La propriété rurale a plus que doublé de valeur depuis cette époque, et l'exploitation agricole a fait de notables progrès. Bien que le Blé fût produit dans le passé en quantité restreinte, les prix sont descendus plus bas qu'aujourd'hui, et cela sous le régime même de l'échelle mobile.

L'honorable membre donne la moyenne des prix du Blé par période de quatorze ans, de 1819 à 1865, afin de compenser les périodes septennales d'abondance et de disette.

La moyenne de ce prix a été :

de 1819	à 1832	19 fr.	17 cent.
de 1833	à 1846	19	14
de 1847	à 1860	20	85
de 1861	à 1865	20	31

Il termine en rappelant que la doctrine éternelle de la France, jusqu'en 1819, a été la *libre entrée des céréales*. Turgot a magnifiquement expliqué, dans le célèbre édit de septembre 1772, la doctrine fondamentale en cette matière: La liberté du commerce des grains est juste, dit-il, puisqu'elle est et doit être réciproque, puisque le droit de se procurer, par son travail et par l'usage légitime de ses propriétés, les moyens de subsistance *préparés par la Providence* à tous les hommes ne peut être, sans injustice, ôté à personne.

M. Barral — se trouve en présence des deux propositions de MM. de Lavergne et Combes. Il votera la première, mais il repousse la seconde parce qu'elle préjuge les résultats de l'enquête en affirmant, dès aujourd'hui, que tout est pour le mieux dans la législation de 1861. M. de Lavergne, au contraire, ne préjuge rien, et sa proposition, plus générale, puisqu'elle ne concerne pas seulement les céréales, repose sur une base équitable. En effet, l'agriculteur ne doit pas être moins bien traité que l'industriel ; or, en 1861, au moment de la signature du traité de commerce avec l'Angleterre, l'industrie a reçu des compensations qui se sont traduites par un prêt effectif de 40 millions, par la promesse de chemins de fer et de canaux, et par le dégrèvement des droits d'entrée qui frappaient les matières premières qu'elle emploie, et particulièrement la laine, le chanvre, l'huile, etc. Mais ces denrées, que l'industrie regarde comme des matières premières, sont des matières fabriquées pour l'agriculture, qui les obtient à l'aide de son travail et de ses engrais. L'agriculture et l'industrie n'ont donc pas été également traitées : la première a payé pour la seconde. L'agriculture emploie du fer et de la houille; or le fer et la houille sont encore protégés, et l'agriculture n'a reçu aucune des compensations qui ont été données ou promises à l'industrie. Le droit de 5 °/₀ que demande M. de Lavergne ne peut être taxé d'exagération quand l'industrie est encore protégée par des droits de 15, 20 et même 30 °/₀.

L'honorable membre démontre ensuite l'inexactitude des chiffres qui ont servi de base aux calculs à l'aide desquels on s'est efforcé d'établir la situation réelle de l'agriculture. Ces chiffres sont empruntés à la statistique; or, si l'on compare les données de la statistique officielle, publiées par deux services d'un même ministère, on constate des différences énormes entre la quantité d'hectares ensemencés et la quantité de Blé récolté. Il n'y a donc aucun argument à tirer de pareils chiffres.

Sans doute l'enquête est appelée à jeter une vive lumière sur la question, mais c'est précisément à cause de cela qu'il faut bien se garder d'affirmer, dès aujourd'hui, avec M. Combes, que tout est pour le mieux ; quatre ans ne suffisent pas pour juger un système; or, s'il est vrai que la loi de 1861 a été un bienfait en permettant la libre sortie des denrées agricoles, l'autre côté de la question n'est pas encore suffisamment approfondi. Tout en conservant le nouveau régime économique dans ses principes fondamentaux, on peut demander qu'il soit amélioré au point de vue des intérêts de l'agriculture. Le régime nouveau n'est pas la suppression de tous droits, c'est simplement la modération des droits. On l'a compris ainsi pour l'industrie; pourquoi traiter différemment l'agriculture? On invoque, il est vrai, l'intérêt du consommateur, qui doit avoir à tout prix les subsistances nécessaires à la vie. Mais alors pourquoi frapper les denrées alimentaires et les boissons de droits d'octroi qui pèsent bien autrement sur les consommateurs que les droits de 5 °/₀ de la valeur demandés par M. de Lavergne sur les denrées agricoles étrangères. A l'entrée dans les villes, beaucoup de denrées agricoles payent des droits de 10, 15 %, et, certaines fois, des droits de 100 % et plus. Un tel régime est déplorable pour l'agriculture, et jamais l'orateur ne consentira à voter qu'il n'y a aucune réforme à introduire dans notre législation fiscale dans l'intérêt de l'agriculture.

M. Dailly. — Tout le monde est d'accord : l'agriculture souffre en ce moment.

Il peut être difficile de trouver un remède sûr à ses maux ; mais, en procédant avec elle comme les médecins le font à l'égard de leurs malades, nous avons d'abord à voir depuis combien de temps s'est ralentie sa prospérité.

L'avis le plus commun sera, je crois, depuis 1861.

M. Becquerel a bien montré que le prix moyen du Blé, en France, avait été plus élevé dans les dix dernières années que dans les dix années précédentes, mais il aurait dû distinguer, pour les dix dernières années, les cinq années qui ont précédé 1861 et les cinq années suivantes, et il n'aurait certainement pas trouvé favorables à l'agriculture les prix de cette dernière période, lorsqu'il serait arrivé à les appliquer à ses produits.

Quelles sont les causes de la souffrance de l'agriculture ?

Chacun répond : l'abondance de plusieurs récoltes successives. Je dis en plus : un défaut de confiance dans l'avenir, qui est bien justifié par ce qui a eu lieu en 1861.

Quels sont les remèdes généralement indiqués ?

1° L'exportation ;

2° La diminution de l'étendue des terres cultivées en Blé.

Il faut distinguer pour l'exportation :

1° Celle qui a lieu à des prix supérieurs au prix de revient ;

2° Celle qui a lieu à des prix inférieurs au prix de revient.

La première exportation enrichit : on ne saurait trop l'encourager. La deuxième appauvrit : elle peut être quelquefois conseillée, mais seulement comme une nécessité à laquelle on doit chercher à se trouver le moins possible obligé d'avoir recours.

Il ne faut pas trop diminuer l'étendue des terres cultivées en Blé.

Les importations ont excédé longtemps les exportations.

Je vois dans un article de notre regretté confrère, M. Pommier, inséré dans le *Dictionnaire du commerce*, que, de **1815** à **1832**, les importations ont excédé les exportations d'une quantité de **665,000** quintaux en moyenne par an.

Depuis cette époque, la production du Blé, ainsi que nous l'a fait connaître M. Becquerel, a augmenté plus vite que n'a eu lieu l'accroissement de la population.

Ne pouvons-nous pas espérer que le mouvement de la population va pouvoir reprendre son ancienne progression ; que diverses causes ayant pu contribuer au ralentissement de sa marche cesseront; que le pays n'aura plus à faire de nouveaux sacrifices d'hommes pour soutenir l'honneur du drapeau de la France; que le contingent militaire annuel pourra rentrer dans son ancien chiffre ; que l'entraînement qui attire en ce moment vers les villes nos populations rurales pourra diminuer, et que l'équilibre pourra ainsi se rétablir promptement entre la production et la consommation des céréales de la France?

Le travail des champs, le labourage, forme les populations vigoureuses, les bons citoyens, les vaillants soldats. Il ne faut pas trop nous presser de réduire l'étendue des terres que nous cultivons aujourd'hui en céréales.

Il y a de grandes inégalités d'une année à l'autre dans les produits de la terre. Les séries des bonnes et des mauvaises récoltes n'ont pas cessé d'exister depuis les sept vaches grasses et les sept vaches maigres du rêve de Pharaon ; prenons garde d'avoir à regretter, dans les années de peu d'abondance, d'avoir trop vite réduit notre production en Blé.

Je fais grand cas du commerce dont le rôle est de faciliter

les rapports entre le producteur et le consommateur, mais il fait payer ses services, ce que je trouve fort naturel.

Je crains beaucoup tout ce qui peut venir augmenter le prix de revient des produits.

Je ne puis, pour ma part, beaucoup me réjouir lorsque je vois une marchandise lourde, eu égard à sa valeur moyenne, comme le Blé, avoir à supporter des frais de transports, de magasinage et de commission, pour sortir de France à bas prix et plus tard y rentrer à prix plus élevé.

Il me paraît bien préférable de voir, dans les bonnes années, des réserves s'opérer en France même.

Les réserves que je voudrais ainsi voir se constituer ne sont pas des réserves faites dans de grands magasins, donnant lieu à des mouvements de Blé, à des frais de garde, à des prêts d'argent ; mais je voudrais voir l'aisance se répandre dans les campagnes, assez pour que chacun pût conserver sur ses greniers, dans les années d'abondance, le dixième de sa production.

Pour obtenir ce résultat, il me paraît nécessaire de chercher à donner à chaque producteur confiance dans l'avenir ; il faut, pour qu'il puisse trouver avantage à conserver son Blé, qu'il ait l'assurance que les Blés étrangers auront, pour entrer en lutte avec lui dans les mauvaises années, à se soumettre à des droits qui ne seront, en aucun cas, moindres que ceux qu'il peut lui-même avoir à acquitter.

Je pense, comme M. de Lavergne, qu'il y a lieu de poser le principe de l'égalité de l'impôt pour les Blés produits en France ou y arrivant de l'étranger; mais je diffère avec lui pour l'application de ce principe.

D'abord il me paraît assez difficile de déterminer la part d'impôt qui pèse sur le Blé produit en France, et dans le doute, je le dis franchement, je préfère voir pencher la balance du côté du producteur français, qui, forcément, donne tous les ans à l'Etat un revenu assuré, plutôt que du côté du producteur étranger, qui n'a de droits à acquitter que dans les années où il juge qu'il y a pour lui profit à venir jouir des avantages que peut lui offrir le marché français.

Nous devons savoir gré à M. de Lavergne d'avoir cherché à établir la part à attribuer au Blé dans les impôts fonciers payés en France ; mais, au lieu de diviser cette part d'impôt par la quantité de Blé produite en moyenne en France, il me paraîtrait plus juste de la diviser par la quantité de Blé seulement produite dans les mauvaises années, qui sont seulement celles où le producteur français doit entrer en lutte avec le producteur étranger.

Et même, dans ces mauvaises années, je pense que ce n'est pas avec la moyenne des producteurs français, mais bien avec ceux qui ont été les moins favorisés, que l'égalité peut être réclamée pour les producteurs étrangers.

Il est bon de remarquer que, dans toutes les contrées où on est obligé de faire des jachères, le Blé qui s'y trouve produit a à supporter l'impôt de plus d'une année.

Ce qui me paraît surtout essentiel, c'est de chercher à ce que les Blés étrangers soient soumis à des droits susceptibles de retarder leur arrivée, sans qu'ils soient assez élevés pour les éloigner.

M. de Lavergne nous a expliqué qu'un droit fiscal était celui qui était assez modéré pour assurer une perception au profit du trésor sans venir diminuer la consommation. Un droit de 5 °/₀ sur la valeur moyenne du Blé a, suivant lui, ce caractère.

Un droit de 10 °/₀, soit de 2 fr. 50 par quintal métrique, me paraît le conserver encore.

Les facilités de communication qui existent aujourd'hui en France tendent à établir pour le Blé une égalité de prix presque complète dans toute son étendue et ne rendent plus possibles les grandes élévations de prix qui ont eu lieu autrefois dans certaines localités.

L'augmentation qui a eu lieu dans les frais de main-d'œuvre doit rendre aujourd'hui peu sensible, pour la classe ouvrière, l'élévation de prix nécessaire au cultivateur pour qu'il puisse obtenir une légitime récompense de ses labeurs.

Un droit de 10 °/₀, en retardant un peu l'arrivée des Blés dans les années de faible abondance, favoriserait une élévation de cours qui ne pourrait devenir exagérée.

Dans une année où il peut falloir, en France, 12 millions d'hectolitres de Blé pour combler le déficit résultant d'une insuffisance de la récolte, leur effet sur les cours sera tout différent, suivant qu'ils arriveront quelques mois plus tôt ou plus tard.

Le déficit de 1846, qui a été comblé par une importation de 8,000,000 d'hectolitres, tout d'abord contesté par une première circulaire de M. Cunin-Gridaine, alors ministre de l'agriculture, a donné lieu à une bien plus grande élévation de cours que le déficit de 1861, comblé par une importation de 16,000,000 d'hectolitres qui sont venus, dès le début de la hausse, paralyser l'élévation des cours.

On a dit que l'agriculture avait tort de demander que les Blés étrangers eussent à acquitter, à leur entrée en France, des droits équivalents aux impôts auxquels elle est soumise; qu'elle ne payait pas d'impôts ; que, si l'Etat n'avait pas eu à toucher la part qui lui revient dans le revenu de la terre, elle aurait été vendue plus cher aux propriétaires et qu'elle serait louée plus cher aux fermiers.

En faisant le même raisonnement, on peut dire que le cultivateur ne paye pas ses semences, ses engrais, ses ouvriers.

Cette théorie pourrait être vraie, si la consommation n'était susceptible d'aucun changement et s'il n'y avait, chez les cultivateurs, aucun esprit de concurrence et aucune disposition à accroître la quantité de leurs produits.

L'augmentation qui a eu lieu dans les dernières années sur les salaires serait alors venue, dans ce cas, atteindre doublement, dans son revenu et dans son capital, le propriétaire qui cultive sa terre à son compte avec l'aide d'autrui.

Les bons marchés sont ceux qui arrivent à donner satisfaction à la fois aux vendeurs et aux acheteurs : ceux-là seulement produisent des effets durables; mais ceux qui, par suite des fluctuations de commerce, sont, d'une manière exagérée, à l'avantage de l'un et au détriment de l'autre, ne sont qu'un accident qui peut avoir des conséquences fâcheuses pour celui-là même qu'il a paru d'abord favoriser. C'est, suivant moi, le prix de revient qui finit par régler le prix des choses.

Si le Blé poussait tout seul, comme le fait le bois, il se vendrait moins cher, et la part qui revient aujourd'hui dans son prix au propriétaire du sol pourrait bien ne pas augmenter.

Le cultivateur cherche à réduire le plus possible ses déboursés. Toutes ses dépenses doivent avoir une raison d'être.

Ce qu'il paye au propriétaire lui représente l'avantage qu'il peut trouver à avoir à cultiver un sol défriché et amélioré situé à proximité des consommateurs.

L'impôt qu'il verse au trésor me paraît pouvoir être considéré comme une prime d'assurance qu'il verse à l'Etat pour qu'il veille à ce qu'il ne soit pas troublé dans ses travaux.

Lorsque, par le fait du gouvernement, les conditions de concurrence dans lesquelles il se trouvait avec les producteurs étrangers viennent à être changées; lorsqu'il souffre, en même temps, d'une élévation dans le prix des salaires, ne serait-il pas en droit de réclamer une indemnité?

Si dans la grande enquête, annoncée par l'Empereur, qui va s'ouvrir, il se borne à demander que, pour lui rendre possible la lutte avec l'étranger, il y ait pour tous deux égalité devant l'impôt, ne devrait-on pas le considérer comme faisant preuve d'une grande modération?

On nous dit: Mais ne vous tourmentez pas pour le cultivateur; c'est le propriétaire seul qui se trouve intéressé dans la question. Si le Blé étranger est admis à jouir de faveurs plus grandes que le Blé français, le cultivateur aura à payer moins cher au propriétaire l'avantage de se trouver à proximité du consommateur; le prix des loyers baissera.

Le propriétaire souffrira seul; il subira la loi du progrès. Mais quelle est cette loi du progrès?

Je vois dans nos codes une loi qui dit que quiconque cause du dommage à autrui en doit la réparation ; mais je n'en vois aucune établir que les plus nombreux et les plus forts auront, pour jouir d'un profit, le droit de dépouiller les plus faibles.

C'est le propriétaire qui sera, en définitive, atteint, je l'admets; mais il y a, en France, un très-grand nombre de propriétaires qui cultivent eux-mêmes leurs terres. Pour ceux qui ont des fermiers, il se passera bien du temps encore avant le renouvellement de tous leurs baux ; jusque-là les cultivateurs auront seuls à souffrir.

Je comprends qu'on ne s'intéresse pas beaucoup à des gens qui, par insouciance et par paresse, se sont mis en situation de ne pouvoir plus soutenir la concurrence de ceux qui ont suivi la voie du progrès; mais est-ce là le reproche à adresser à nos cultivateurs ? On leur dit, au contraire, maintenant, que, si les prix des céréales se sont avilis, c'est de leur faute , qu'ils produisent trop.

On se figure souvent qu'un propriétaire est un riche oisif, occupé seulement, dans l'intérêt de ses plaisirs, à chercher à pressurer ses fermiers. S'il existe quelques propriétaires de cette espèce, je comprends qu'ils inspirent peu d'intérêt ; mais je les crois bien peu nombreux en France. Ce ne sont pas des gens de plaisir, mais ceux qui ont véritablement l'amour des champs ; qui, au lieu de placements à revenus assurés à 5 pour 100 que l'on peut trouver à la bourse, se contentent de placements en terre à 2 et 3 pour 100. Il faut, pour cela, un grand attachement à de vieux souvenirs de famille, et le désir de voir se perpétuer d'anciens liens de reconnaissance et d'estime, unissant celui qui cultive la terre à celui qui, en étant propriétaire, éprouve satisfaction à la livrer à des mains lui inspirant confiance, qu'il juge pouvoir en tirer parti mieux qu'il ne pourrait le faire lui-même.

Il serait certainement fort long d'avoir à citer les noms de tous les propriétaires qui non-seulement n'exigent pas de leurs fermiers une exacte rentrée de leurs fermages dans les années où ils ont pu éprouver des pertes, mais qui viennent, en plus, leur faire des avances pour des achats d'instruments et d'animaux, et qui consentent à faire exécuter, pour eux, des travaux d'amélioration de sol ou de bâtiments à des conditions bien plus favorables que celles que peuvent leur offrir les meilleures institutions de crédit.

Ils sont certainement très-nombreux les propriétaires qui se considèrent comme les patrons de leurs fermiers ; qui leur donnent de bons conseils pour leurs affaires privées et leurs cultures ; qui les secourent dans leurs maladies ; qui leur facilitent l'établissement de leurs enfants.

Assurément, on ne peut dire des individus qui comprennent ainsi leur rôle de propriétaires, non plus que de ceux qui cultivent leur propre bien, qu'ils sont de mauvais citoyens. Ils ont contribué, par les impôts qu'ils ont acquittés, à la création des voies de communication qui donnent aujourd'hui de grandes facilités aux Blés étrangers pour venir faire concurrence aux Blés français. Il n'est certainement pas juste de soutenir que c'est à eux à subir une réduction dans leur revenu et dans le capital de leur fortune, pour permettre aux Blés français qui ont à acquitter des impôts de pouvoir rivaliser avec les Blés étrangers admis, sans prendre également part à nos charges publiques, à jouir, quand bon leur semble, des avantages que peut leur offrir le marché français.

On se plaint de la disposition que nous avons à chercher à faire, de nos enfants, des fonctionnaires plutôt que des cultivateurs.

Croyez-vous que ce mal tende beaucoup à disparaître, lorsque, dans une famille, on verra s'amoindrir, entre les mains de celui qui aura demandé à la terre ses moyens d'existence, la valeur du capital reçu par lui d'héritage ou qu'il aura déboursé ?

On se plaint que certains propriétaires, au lieu de venir consommer sur place, dans les campagnes, les produits qui y sont récoltés, et de chercher à y répandre l'aisance en y dépensant une partie de leur revenu, préfèrent le séjour des villes.

Croyez-vous que c'est un moyen de changer leurs dispositions que de les exposer, lorsqu'ils viendront à la campagne, à se trouver en présence de fermiers dans la gêne, avec la perspective de la diminution devant en résulter plus tard, pour eux, dans leur revenu et dans la valeur de leurs domaines.

Il faut ménager la poule aux œufs d'or de la France. Il ne faut pas affaiblir la propriété : c'est une mine féconde pour le trésor public ; elle ne lui a jamais fait défaut. C'est elle qui, dans les plus grandes crises qu'a eu à traverser le crédit de l'État, a toujours été sa dernière et sa meilleure ressource.

On a dit que la Société avait pu demander, en 1859, qu'un droit fixe fût substitué à l'échelle mobile pour les céréales à leur entrée en France, mais qu'il ne lui appartenait pas d'indiquer à quel chiffre devrait s'élever ce droit.

Je crois que c'est refuser d'entrer dans le vif de la question. Il est souvent commode, en ne se portant pas en avant, de mettre à couvert sa responsabilité; mais tel ne me paraît pas devoir être le rôle de notre Société, qui a toujours cherché à conduire dans la voie du progrès l'agriculture, et qui a toujours été le soutien de ses intérêts.

La question des céréales est une de celles qui sont le plus de nature à émouvoir le pays. Les lois obligent ceux qui les font à y consacrer un temps précieux. Il faut, le plus possible, chercher à éviter d'avoir souvent à les modifier.

Je crois qu'au moment où le gouvernement ouvre une enquête, et qu'il s'adresse au pays pour avoir, dans la question des céréales, l'expression de ses besoins et de ses vœux, la Société ne doit pas craindre d'indiquer quel est le chiffre que lui paraît devoir acquitter le Blé étranger à son entrée en France, pour chercher à donner satisfaction à tous les intérêts et éviter que la question des céréales ne vienne, de nouveau, à être soulevée.

Afin de me résumer, je crois devoir proposer que la Société émette le vœu, dans les termes de la proposition de M. de Lavergne, que le droit fixe de 0 fr. 50 c. établi par la loi du 15 juin 1861 soit porté à 2 fr. 50,

Et que les produits agricoles étrangers de toute nature, autres que les céréales, soient soumis, à leur entrée en France, à des droits spécifiques calculés sur le pied de 10 °/ₒ de leur valeur moyenne.

La proposition de M. Dailly, qui amende celle de M. de Lavergne, sera imprimée et distribuée.

M. Combes — demande que les procès-verbaux de la discussion soient imprimés et distribués avant la prochaine séance.

Cette proposition est adoptée.

M. Payen — s'attache à démontrer que, en votant la proposition d'un droit fixe de 2 fr. 50, on reviendrait purement et simplement à l'échelle mobile, dont personne ne veut plus, car ce droit fixe de 2 fr. 50 disparaîtrait inévitablement dans les temps de cherté. Or l'échelle mobile est aujourd'hui condamnée par tout le monde, et la perturbation qu'elle jetait dans le commerce des grains n'était pas moins préjudiciable au cultivateur lui-même qu'au consommateur. En appuyant cette proposition, la Société, qui s'est prononcée en faveur d'un droit fixe, se déjugerait elle-même, et c'est pour éviter cette contradiction que le secrétaire perpétuel se rallie à la proposition de MM. Combes, Passy, Wolowski et Lecouteux.

De toute la discussion très-étendue et fort intéressante qu'il a suivie attentivement, M. Payen a déduit que le bas prix du Froment est surtout amené par la concurrence intérieure, et que la liberté du commerce peut aider à maintenir les cours en débarrassant le marché des quantités produites qui excèdent la consommation, que les nouvelles mesures à conseiller ne pourraient guère être appréciées convenablement avant que l'on connût les résultats de la grande enquête récemment instituée.

M. Combes — s'exprime en ces termes :

Lorsque les matières premières sont frappées de droits d'entrée, le montant de ces droits s'ajoute au prix de revient des objets manufacturés, et, par conséquent, au prix de vente payé par les consommateurs du pays. C'est donc sur ces derniers que pèse, en dernier ressort, le droit de douane. Ce sont eux qui le payent, et cela revient, pour eux, à une taxe de consommation. Le renchérissement de l'article à l'intérieur, occasionné par le droit de douane, en diminue naturellement la consommation, réagit, par cela même, sur la quantité des produits fabriqués et augmente les frais généraux ; il nuit ainsi au développement des manufactures, d'autant plus que le droit est plus élevé et dans une proportion croissant plus rapidement que l'élévation du droit.

Mais les manufactures françaises ne vendent pas seulement à l'intérieur. L'exportation constitue, pour quelques-unes d'entre elles, un produit d'une très-grande importance. Le droit de douane placerait nos manufacturiers sur les marchés étrangers dans une situation d'infériorité vis-à-vis de leurs concurrents des autres pays, si on ne leur restituait pas à la sortie ce qu'ils ont payé à l'entrée. Les drawbacks sur les objets manufacturés sont la contre-partie obligée des droits de douane sur les matières premières. Ces drawbacks sont très-difficiles à calculer et donnent lieu à beaucoup de fraudes. Ils produisent ce résultat choquant et singulier que les manufactures françaises livrent leurs produits à meilleur marché à l'acheteur étranger qu'à l'acheteur national. Ils sont cependant indispensables pour conserver aux manufactures nationales leurs débouchés à l'extérieur, et sont, d'ailleurs, justifiés par la logique; car, si le droit de douane se traduit définitivement en une taxe de consommation, comme je crois l'avoir prouvé, nous ne saurions avoir la prétention de faire payer par les consommateurs étrangers une taxe au profit du trésor français.

Ce raisonnement s'applique, dans toute sa rigueur, aux céréales et aux farines qui sont le produit manufacturé. Le droit perçu réellement en douane est de 1 fr. 20, car les 19/20 des Blés qui entrent nous arrivent sous pavillon étranger. Sous le régime du décret du 15 août 1861, ce droit n'entre point au trésor, il se partage entre ceux qui exportent les farines fabriquées en France, et représente, à peu près, 0 fr. 20 c. à 0 fr. 25 par 100 kilog. de farine, ou 140 kilogr. de Blés exportés. Je ne pense pas que la suppression d'une prime aussi faible puisse exercer une influence sensible sur nos exportations de farines ; mais si le droit de douane était triplé, comme le demande M. de Lavergne, et, mieux encore, quintuplé et sextuplé, comme le demande M. Dailly, en serait-il de même? De deux choses l'une : ou bien l'augmentation du droit d'entrée demandée par quelques personnes n'aura aucune influence sur les prix de l'intérieur, et alors nos exportations se continueront; ou bien cette influence sera sensible, et alors il faut se garder de revenir sur le décret du mois d'août 1861, sous peine de voir nos exportations de farines vers l'Angleterre diminuer, par l'effet même de la concurrence que viendront leur faire les Blés que nous aurons repoussés de nos ports méditerranéens.

En conservant la législation de 1861, sans modification des droits d'entrée, et rapportant le décret d'août 1861, les Blés étrangers importés sur notre littoral de la Méditerranée payeront en réalité 1 fr. 20 c. de droit de douane. Si cela avait pour résultat une hausse égale du prix des 100 kilogr. de Blés pour les acheteurs de Marseille et dans les régions qui approvisionnent le littoral méditerranéen, ce serait une taxe de consommation de 5 pour 100 à peu près sur le Blé imposée aux habitants de cette partie de la France. Il y aura certainement une réaction sur les quantités de Blés importés par nos ports de la Méditerranée, et ces quantités iront faire concurrence à Londres et à Anvers avec nos exportations de farines. Le mal causé ainsi à nos départements du nord ne sera-t-il pas plus sensible que l'amélioration apportée dans la région du Sud-Est? C'est ce qu'il est bien difficile de dire ; j'espère que le trouble opposé sera peu considérable. Mais c'est déjà là un trouble.

En résumé, les propositions de M. de Lavergne et de M. Dailly dérivent d'une conception théorique fausse, à mon avis, en ce qu'elle place l'intérêt agricole en antagonisme direct avec celui de l'industrie manufacturière. Sous ce rapport, elle a une portée bien plus grande que la proposition discutée au corps législatif, soutenue par M. Pouyer-Quertier et définitivement repoussée.

Pour mon compte, je pense que tout ce qui porterait atteinte à l'industrie manufacturière aurait pour l'agriculture des conséquences encore plus nuisibles ; je pense qu'en raison du climat de la France, de sa situation géographique, de la proximité de pays tels que l'Angleterre, la Belgique, la Suisse, notre industrie agricole est la plus intéressée de toutes à la liberté des échanges, et que ceux qui s'y livrent commettraient la plus grave de toutes les erreurs, s'ils se laissaient induire à faire cause commune avec les partisans du système protecteur.

M. Darblay — a entendu souvent et longuement parler, dans le cours de la discussion, des intérêts des manufactures et de la navigation ; ce sont très-certainement des intérêts parfaitement respectables et qui doivent être pris en sérieuse considération, mais ils ont ailleurs leurs défenseurs et leurs organes spéciaux. Dans le sein de la Société d'agriculture, ce sont les intérêts des agriculteurs qu'il faut sauvegarder avant tout, et même son titre de *centrale* oblige la Société à étendre sa sollicitude au delà de son voisinage immédiat, en dehors du rayon de Paris. En effet, la culture des environs de Paris jouit des priviléges d'une situation exceptionnelle, car elle est délivrée du problème le plus difficile qui pèse sur le cultivateur, c'est-à-dire de la production de l'engrais. En effet, c'est à Paris qu'on fabrique l'engrais, et le fermier qui avoisine la capitale n'a plus qu'à venir le chercher. S'il vend son Blé à bon marché, il obtient un bon prix de ses pailles et de ses fourrages, et l'équilibre se rétablit à son bénéfice. En dehors de ce rayon privilégié les choses ne se présentent plus sous le même aspect; les fourrages doivent être consommés à la ferme pour produire l'engrais que réclament les terres. Si le foin et la paille sont chers, c'est que la récolte a été petite, et alors, au lieu d'en vendre, il faut en acheter ou réduire l'effectif de son bétail. La situation n'est donc pas la même dans les deux cas, et l'enquête décidée par le gouvernement n'arrivera à la vérité qu'à la condition d'aller chercher ses renseignements en province, et de ne pas se concentrer à Paris.

En général, la culture n'est profitable que là où elle est riche et en état de faire des avances au sol; c'est ce qui explique la prospérité des exploitations agricoles du Nord et des environs de Paris; mais, partout ailleurs, combien de métayers, de petits fermiers, ou même de propriétaires, qui ne récoltent que la misère parce qu'ils ne sèment que cela? Ces conditions doivent être changées, et il y a lieu de se préoccuper des moyens d'arriver à un meilleur état de choses. Mais ce n'est pas l'établissement d'un droit fixe sur les céréales étrangères qui donnera la solution du problème; car les avantages que l'on attend du droit fixe ne sont, au fond, qu'une illusion.

L'honorable membre ne demande pas le rétablissement de l'ancienne échelle mobile avec son mécanisme compliqué de zones et de sous-zones : tous ces rouages sont devenus inutiles en présence des chemins de fer et de la rapidité des communications; mais les justes critiques dirigées contre les rouages et le fonctionnement de l'échelle mobile laissent intact le principe même de la variabilité des droits. Les huit sections qu'admettait l'ancien système ne sont plus nécessaires aujourd'hui, et il suffirait de partager la France en deux grandes divisions dont l'une comprendrait le bassin de l'Océan, et l'autre celui de la Méditerranée. On a dit que la liberté absolue du commerce des céréales suffisait pour parer d'elle-même à toutes les éventualités ; mais, s'il arrivait une succession de deux ou trois mauvaises récoltes, la première userait les réserves, qui ne sont pas aussi considérables qu'on l'a prétendu, et dès la deuxième année, quand la cherté se produirait, il faudrait tirer du Blé de l'étranger, où nous trouverions la concurrence de l'Angleterre, qui a sur nous le grand avantage d'avoir su se ménager des chargements d'aller et de retour. Grâce à cette situation exceptionnelle, l'Angleterre a des entrepôts de grains dont on ne se fait pas une idée en France. Ses docks sont ouverts à tous les Blés du monde. Du reste, il ne faudrait pas lui faire un trop grand mérite de l'initiative qu'elle a prise en proclamant la liberté du commerce des céréales, car elle a simplement agi sous la pression de la plus urgente nécessité. En effet, il y a cent cinquante ans, l'Angleterre exportait des céréales ; cinquante ans plus tard, elle ne produisait plus que la quantité nécessaire à sa consommation, et depuis quatre-vingts ans la consommation a dépassé la production dans une proportion de plus en plus considérable. Ces faits donnent la meilleure explication de son libéralisme en matière de grains et de denrées alimentaires. Mais, avant d'arborer les doctrines qu'elle proclame aujourd'hui, elle a édicté des prohibitions épouvantables, et c'est à l'ombre du système protecteur que sa marine est devenue assez forte pour écraser complétement celle de la Hollande, et devenir maîtresse de la plus grande partie des transports maritimes. Tel est l'ensemble des moyens par lesquels elle a réussi à accumuler, chez elle, des approvisionnements qui peuvent résister à une série de deux ou trois mauvaises récoltes successives. Quant à nous, nous n'avons guère à lui opposer que Marseille ; mais, comme, d'un autre côté, nous nous suffisons le plus souvent à nous-mêmes, les approvisionnements que nous tirons du dehors sont relativement faibles, et, en cas de nécessité, nous serions bientôt forcés d'aller faire concurrence à l'Angleterre sur les marchés des pays producteurs, où elle l'emporterait sur nous parce qu'elle est plus riche. Qu'arriverait-il, en outre, si, par le fait d'une contrariété ou d'un mauvais vouloir quelconque, des difficultés s'élevaient entre les deux pays et que nos opérations maritimes fussent entravées par les vaisseaux de l'Angleterre?

En résumé, notre situation n'est pas celle de l'Angleterre; et, sous aucun rapport, il n'y a de comparaison à établir entre les deux pays. On conçoit sa préférence obligée pour la liberté absolue des transactions; mais on doit comprendre aussi que nous obéissions à d'autres considérations. Ce n'est pas à dire que la France aurait dû s'immobiliser dans un système de douanes inflexible et invariable, car les tarifs doivent, au contraire, subir de fréquentes modifications, suivant l'état du pays. C'est parce que, dans l'opinion de l'honorable membre, la mobilité est le caractère essentiel des lois de douanes, qu'il repousse absolument tout droit fixe et demande un droit variable qui diminue à mesure que le Blé prend de la faveur, et se modère ainsi de lui-même sans le secours d'aucune nouvelle mesure législative.

M. Moll—se rallie au principe qui a servi de base à la proposition de M. de Lavergne; ce principe, c'est l'égalité devant l'impôt pour tous les produits agricoles, étrangers comme indigènes. Il demande donc, sur tous les produits agricoles étrangers, des droits compensateurs des charges que supportent les produits similaires français. Mais il se borne à cela, parce qu'il pense que la Société n'a pas les éléments nécessaires pour fixer le chiffre ni même la quotité de ces droits. Que la Société adopte ma proposition, dit M. Moll, et elle aura proclamé un grand principe d'équité. Nous ne demandons pas la protection. Tout ce que nous voulons, c'est qu'on ne protége pas l'étranger contre nous. La douane anglaise frappe les alcools étrangers d'un droit qui équivaut à la taxe perçue sur les alcools indigènes. Nous ne demandons pas autre chose. Tous les produits agricoles qui se créent en France payent des droits au trésor. Pourquoi les produits étrangers seraient-ils seuls affranchis de cette obligation? Est-ce que ces produits ne profitent pas, d'ailleurs, chez nous, des routes, des canaux, des chemins de fer, de la sécurité des transactions, en un mot de tous les avantages que nous nous sommes assurés par le payement de l'impôt? On dit, il est vrai, qu'ils ont déjà payé chez eux; mais en quoi cela peut-il nous toucher, puisque cet argent n'entre pas dans notre caisse? Quand l'Angleterre frappe nos vins d'un droit qui s'élève jusqu'à 68 fr. par hectolitre, elle s'inquiète peu de savoir s'ils n'ont pas déjà payé l'impôt en France.

On objecte tantôt que l'établissement de ces droits ne servira nullement l'agriculture, attendu qu'ils n'auront aucune influence sur les prix; tantôt, au contraire, qu'ils pèseront lourdement sur le consommateur et gêneront beaucoup les industries qui emploient nos produits comme matières premières. Sans relever cette contradiction, nous dirons, dans la première hypothèse, tant mieux, car alors ce sera l'étranger qui supportera la totalité du droit; dans la seconde, mettez-nous à même de lutter contre l'étranger en égalisant les conditions, en diminuant nos charges. L'État ne le peut, dites-vous. Soit, mais alors accordez-nous les droits compensateurs que nous demandons. Refuser l'un et l'autre, c'est mettre cette grande industrie agricole, que tout le monde proclame la base de la prospérité, de la puissance, de l'existence même de la nation, dans une situation bien grave.

La vérité est que l'agriculture n'a jamais été traitée, en France, à l'égal des autres industries; que la révolution économique a procédé trop vite pour elle, et qu'avant de renoncer complétement aux droits protecteurs il aurait fallu la mettre en état de soutenir la concurrence.

L'honorable membre ne demande certainement pas le retour à l'ancien état de choses, mais il doit faire remarquer qu'en dehors des considérations politiques qui militent si puissamment en faveur de l'agriculture, et qui démontrent clairement que la ruine de cette grande industrie serait le signal de la décadence de la France, il y a une question d'équité qui demande d'autant plus à être observée que l'agriculture est, de toutes les industries, la plus pénible et la moins lucrative. On voit journellement, dit-il, des hommes partis de très-bas et qui sont arrivés à de hautes positions financières par l'industrie et le commerce. Pareils faits ne se rencontrent jamais en agriculture. C'est tout au plus, en France du moins, si quelques hommes hors ligne sont parvenus, dans des circonstances semblables, à une modeste aisance.

Pour résumer son opinion, l'honorable membre donne lecture de la proposition suivante, qu'il soumet à l'approbation de ses collègues :

La Société impériale et centrale d'agriculture de France, en présence de l'enquête qui se prépare, croit devoir s'abstenir de continuer celle qu'elle avait commencée ; néanmoins, mue par une pensée d'équité et en vue de répondre d'avance au reproche que l'agriculture française adresse au régime actuel de faire de la protection à contre-sens, elle émet le vœu :

1° Que les produits agricoles étrangers de toute nature, tels que les céréales en général, les laines, les bestiaux, etc., soient soumis, à leur entrée en France, à des droits spécifiques calculés sur le pied d'une égalité parfaite avec les charges qui pèsent sur les produits similaires français ;

2° Qu'aucune mesure spéciale, comme drawback ou acquit-à-caution, ne vienne priver le trésor du montant de ses droits.

La proposition de M. Moll sera imprimée et distribuée.

Après une discussion à laquelle prennent part MM. Wolowski et de Vogüé, sur la proposition de M. Boussingault, la Société, consultée par M. le président, prononce la clôture de la discussion générale.

Dans la prochaine séance, on discutera l'ordre du vote sur les quatre propositions dont le texte sera adressé à chacun des membres.

M. LE PRÉSIDENT — rappelle que la clôture de la discussion

générale a été prononcée dans la dernière séance, et qu'il ne s'agit plus aujourd'hui que de fixer l'ordre dans lequel il sera procédé au vote sur les quatre propositions dont le texte a été imprimé et distribué.

M. DE KERGORLAY — réclame la priorité en faveur de la proposition de MM. Combes, Wolowski, Passy et Lecouteux, comme étant la plus large et la plus libérale.

M. DE LAVERGNE — est d'un avis différent et s'attache à démontrer que la proposition de M. Dailly doit être votée la première comme s'écartant le plus de l'état actuel des choses.

M. WOLOWSKI — se range à l'avis de M. de Kergorlay et soutient que la législation actuelle doit être regardée comme le régime le plus libéral, puisque c'est celui qui permet l'entrée la plus large des produits étrangers et l'exportation la plus considérable des produits français. La proposition de M. Combes demande le maintien de la loi de 1861, et en la votant la Société donnera une nouvelle consécration à son vœu de 1859.

M. DE VOGUÉ — attache peu d'importance à la question de priorité, mais il conteste que la proposition de MM. Combes, Wolowski, etc., ait le caractère libéral que lui prêtent ses partisans. Cette liberté, dont MM. de Kergorlay et Wolowski réclament le monopole en faveur de leurs doctrines, a été justement appelée de la liberté et de la protection à rebours en faveur de l'étranger, aux dépens des nationaux. La vraie question libérale, dans l'intérêt de l'agriculture française, a été posée par la proposition de M. de Lavergne, et la Société ne se déjugera pas en la votant, car elle maintient le principe du droit fixe dont elle se borne à fixer la qualité.

M. DE DAMPIERRE — demande le maintien de l'ordre du jour, et, en l'absence de toute disposition réglementaire, il propose de voter sur les propositions, d'après l'ordre de leur présentation.

M. PAYEN — donne lecture de la partie du procès-verbal de la séance du 27 avril 1859, relative au vote émis par la Société ainsi conçu :

« Il est décidé que le vote va s'ouvrir sur la seule question du droit fixe et du droit variable. »

On procède au scrutin.

Le nombre des votants est de 37; majorité, 19.

Les suffrages se répartissent ainsi qu'il suit :

Pour le droit fixe.	24
Pour le droit variable. . .	11
Bulletins mixtes.	2
	37

En conséquence, M. le président déclare que le droit fixe est voté à la majorité de 24 suffrages exprimés sur 37 votants.

M. Gareau — appuie la proposition de M. de Dampierre.

M. Combes — rappelle que la question posée devant la Société est celle de savoir si la législation de 1861 est pour quelque chose dans les souffrances dont se plaint l'agriculture. Or sa proposition répond nettement et catégoriquement par la négative, elle est simple et claire ; tandis que la proposition de M. de Lavergne embrasse d'autres questions qui n'ont pas été discutées.

M. de Lavergne—fait remarquer que ce que vient de dire M. Combes est une manière d'écarter toutes les autres propositions par une sorte de question préalable. D'ailleurs, la discussion dure depuis deux mois ; si le débat ne s'est pas établi sur toutes les parties de sa proposition, c'est uniquement parce qu'on ne l'a pas voulu. En outre, dans ce moment même, le corps législatif discute un projet de loi qui fera, probablement, disparaître les surtaxes de pavillon, de telle sorte que le système même sur lequel repose la proposition de M. Combes sera prochainement modifié.

M. Darblay — donne lecture des conclusions du discours qu'il a prononcé dans la séance précédente.

M. Payen — propose que la Société se prononce, par la

voie du scrutin, sur l'ordre dans lequel les diverses propositions seront votées.

Cette proposition est adoptée, et le dépouillement des votes donne le résultat ci-après :

Nombre des votants, 40.

N° 2,	proposition de MM.	Combes, etc.	19
N° 1,		de Lavergne.	15
N° 3,	—	Dailly. . . .	2
N° 4,	—	Moll.	2
N° 5,	—	Darblay. . .	2
			40

En conséquence, la proposition de MM. Combes, Wolowski, Passy et Lecouteux sera mise aux voix la première.

Il est passé un scrutin qui donne les résultats suivants :

Nombre des votants, 40.

Majorité. . .	21
Oui.	21
Non. . . .	19

La Société a adopté la proposition de MM. Combes, Wolowski, Passy et Lecouteux.

La séance est levée à cinq heures.

Paris. — Imp. de Mme Ve BOUCHARD-HUZARD, rue de l'Éperon, 5. 1866.

www.ingramcontent.com/pod-product-compliance
Ingram Content Group UK Ltd.
Pitfield, Milton Keynes, MK11 3LW, UK
UKHW021825190726
13853UKWH00003B/1194